KB027765

지리교사의 서울 도시 산책

지리교사의 서울 도시 산책

서울

도시재생의 공간

이두현 지음

푸른길

산책을 나서며

　대한민국 수도 서울, 우린 이곳의 일상에 파묻혀 삶의 작은 여유조차 느끼지 못한 채 살아갑니다. 그렇게 도시민으로 살아가면서 간혹 일상의 무료함이 온몸을 감쌀 때, 이 고층 빌딩 숲을 한번쯤 벗어나고 싶다는 충동을 느낍니다. 분주하게 준비해서 떠나야 하는 긴 여행을 바라는 것이 아닙니다. 그냥 삶의 작은 쉼표라도 한번 찍을 수 있는 그런 여행이면 됩니다. 그렇다고 마냥 쉼만 있는 휴양이 아닌, 여행의 여정 가운데 느낌표가 가득하고 그 중간에 작은 쉼표를 찍을 수 있는 그런 산책 같은 여행이면 좋겠습니다.

　이런 여행을 즐길 수 있는 곳은 과연 어디에 있을까요? 파리나 바르셀로나처럼 해외로 멀리 가야만 찾을 수 있을까요? 알고 보면 우리 주위에 항상 있어 왔습니다. 우리가 이를 모른 채 살아왔을 뿐입니다. 특히 수도 서울은 전통문화에서부터 현대에 이르기까지, 각양각색의 경관들로 가득한 곳입니다. 경복궁·창덕궁·창경궁·덕수궁·경희궁의 5대 궁궐과 북촌·서촌·남촌 등을 거닐며 조선 왕조의 역사를 그려 볼 수 있고, 반대로 소위 핫 플레이스로 떠오른 강남 거리나 홍대 거리, 신사동 가로수길, 이태원 거리 등을 거닐며 젊음의 열정을 가득 느껴 볼 수도 있습니다. 이화동 벽화마을, 홍제동 개미마을, 강풀 만화거리와 같은 벽화 골목을 거닐면서 이야기를 나누며 소소한 일상의 행복을 느껴볼 수도 있습니다.

『서울 도시 산책: 도시 재생의 공간』에서는 여섯 개의 보석과 같은 '을지로', '익선동', '해방촌', '성수동', '창신동', '문래동'을 소개하고자 합니다. 요즘 서울에서 흔히 '뜬다'고 하는 동네들입니다. 이 중 익선동, 해방촌, 성수동은 요즘 젊은이들 사이에서 새로운 핫 플레이스로 떠오르고 있습니다.

알고 보면 이 동네들은 얼마 전까지 시대의 변화에 뒤떨어지면서 낙후되었던 지역이었습니다. 재개발 계획에 묶인 낡은 한옥이 모인 동네이기도 했고, 수제화, 철공, 봉제, 인쇄 등 쇠락해 가던 산업의 집적지이기도 했습니다. 하지만 도심과 가까우면서도 저렴한 임대료는 일찍이 다른 지역에서 젠트리피케이션(gentrification, 둥지내몰림)을 경험해야만 했던 예술가, 창업가들에게는 자의든 타의든 매력적인 흡인 요인이 되었습니다. 낙후된 골목은 메마른 봄에 피어나는 야생화처럼 젊은이들의 창조적 열정이 펼쳐지는 무대가 되었고, 골목은 서서히 활기를 되찾게 되었습니다. 기존의 골목 분위기를 해치지 않으면서도 자신들의 역량을 키워나가고, 신구가 함께 어우러져 자생력 있는 골목 생태계를 만들어 가고 있습니다. 무엇보다 크고 작은 갈등 속에서도 골목 생태계를 유지하면서 서로의 비판을 겸허하게 수용해 나가는 협업적 골목 문화의 태생이 흥미를 더합니다. 이 책을 통해 각기 다른 모습으로 지역에 새로운 활력을 불어 넣으며 창조적 변화를 선도해 나

가는 서울의 여섯 재생의 공간들을 소개하고자 합니다.

이 책은 필자가 10여 년 동안 서울을 돌아다니면서 나름대로 정리한 글을 엮은 것입니다. 누구나 한번쯤은 방문해 보았을 곳이기는 하지만 누군가가 놓쳤을 그 무언가를 스스로 발견해 보겠다는 다짐을 하며 시작하게 되었습니다. 그 과정은 탐험과도 같았습니다. 내가 모르는 미지의 세계는 서울에서도 펼쳐졌고 골목 곳곳이 저만의 탐험의 무대가 되었습니다. 스스로를 '골목 탐험가', '도시 탐험가'라고 이름 붙여 가며 탐험의 새로운 장르를 개척해 나가고 싶습니다.

사실 이 글을 처음 쓰기 시작할 때는 쉽게 쓰일 것이라고 생각했었습니다. 어릴 적부터 글을 쓰고, 자료를 수집하고 정리하는 것을 유난히 즐겨왔기 때문입니다. 하지만 짧지 않은 탐험 기간, 2년이 넘는 집필 기간을 가지고서야 원고를 마무리할 수 있었습니다. 그리고 이 원고가 책으로 나오기까지 꽤나 긴 수정 기간을 거쳤습니다. 부족한 부분들이 보일 때마다 다시 찾은 도시의 공간들은 수시로 변해 갔습니다. 변화된 것을 확인하고 고쳐 나가는 작업에서 더 많은 것을 배웠습니다.

이 책이 출간되는 순간마저도 골목은 변화하고 있을 겁니다. 이것이 긍정이 될지, 부정이 될지는 그 누구도 모를 일입니다. 다만 이 모든 변화들이 조금은 천천히 진행되었으면 하는 바람입니다. 단기간의 성과를 누군가에게 보여 주기 위한 재생이 아니라 주민들의 삶의 질을 높여 가는 방향이었으면 합니다. 염려하는 마음으로 글을 쓰며, 이 글이 골목의 인기에 편승되지 않길 바랍니다.

글을 쓰면서 가장 고민했던 부분은 소중한 시간을 내어 이 글을 읽게 될 독자였습니다. 청소년부터 성인까지, 여행을 좋아하는 모든 독자에게 서울 산책의 묘미를 선사하고 싶었습니다. 더불어 을지로, 익선동, 해방촌, 성수동, 창신동, 문래동에서 서울의 역동성을 함께 느끼며 도시의 미래 모습을 그려 볼 수 있는 기회가 되길 바랍니다.

끝으로 이 책을 집필하는 동안 아낌없는 조언을 해 주신 선생님들께 감사드립니다. 그동안 함께 답사하며 도와주신 안지혜 님께도 감사의 말을 전합니다. 무엇보다 책이 출판되기까지 함께 수정하며 글 하나하나에 정성을 기울여 주신 (주)푸른길의 모든 분들께 감사한 마음을 전합니다.

차 례

산책을 나서며 ...4

삶의 현장, 을지로

청계천의 물줄기가 만든 을지로 ...14

화려한 스카이라인에 숨겨진 식민역사의 공간, 을지로1가 ...19

금융 지구의 시작, 을지로2가 ...28

골뱅이부터 노가리까지, 노포골목 을지로 ...33

수표동, 장인의 수제화 ...38

타일·도기·조명 특화거리, 을지로3·4가 ...41

철공 골목에서 조각 특화구역으로, 산림동 ...49

대한민국 인쇄 산업의 메카, 을지로·충무로 인쇄 골목 ...54

인쇄 골목, 그 힘을 잃어가다 ...58

을지로를 가로지로는 세운상가 ...63

소개공지대에서 세운상가로 ...67

재생으로 새로 입은 세운상가 ...74

지하에 답이 있다, 을지로 지하상가 ...80

을지로, 재생을 말하다 ...84

도시 산책 플러스 ...89

참고문헌 ...90

전통의 활용, 익선동

북촌 아래 작은 한옥 마을, 익선동 ...94

경성의 건축왕에서 민족 공간의 수호자로 ...97

정세권의 꿈을 담은 집 ...101

수표로28길, 그 창의적인 실험들 ...105

변화와 갈등 사이에 선 익선다다 ...116

그들의 불편한 동거는 가능할까? ...118

화류 문화의 상징 공간, 서울 3대 요정을 만나다 ...121

칼국수 노포와 낙원동 아구찜 ...125

락희거리는 과연 즐거울까? ...129

성소수자의 해방구에서 길을 잃다 ...133

도시 산책 플러스 ...136

참고문헌 ...137

신구의 조화가 만들어 낸, 해방촌

제2의 이태원, 해방촌을 가다 ...140

실향민, 남산 기슭에서 터전을 일구다 ...143

전통 옹기 노포 한신옹기 ...148

신흥로, 펍으로 밤을 열다 ...151

문화 예술의 새로운 실험 무대 신흥로 ...156

신흥로 언덕길 따라 해방촌 오거리까지 ...158

아트마켓으로 변화하는 신흥시장 ...162

스웨터에서 니트 특성화 거리로 ...166

주민협의체를 통한 마중물 사업의 실천 ...170

해방촌의 역사를 간직한 후암동 108 계단 ...173

독립서점들, 속속 해방촌으로 ...178

평면도와 입면도 사이, 인문학길 소월로 ...182

도시 산책 플러스 ...188

참고문헌 ...189

산업 공간의 재생, 성수동

고가 철교 위와 아래...192

살곶이벌과 뚝섬으로 불렸던 곳...196

봉제 공장에서 인쇄 골목까지...201

자동차 정비소, 성수동으로 모이다...205

전통 3강과 신흥 3강의 만남...208

공동 판매에서 수제화 아카데미까지...211

성수동 수제화 거리 연무장길...217

재생의 실험 무대 성수이로...223

성수동, 착한 기업을 만들다...232

젠트리피케이션의 경험이 약이 될까?...236

도시 산책 플러스...240

참고문헌...241

봉제거리 박물관, 창신동

봉제 거리, 창신마을로 떠나다...244

수려한 별장 터에서 판자촌으로...247

백남준과 박수근, 두 거장의 공간이 되살아나다...251

동대문 패션 산업의 숨은 주역, 창신동 봉제거리박물관...255

동대문-창신동 의류 생산 24시...260

서울 도심 유일의 절벽 마을, 창신동 절개지...264

창신 마을 답사길...268

전통과 이국의 만남, 창신골목시장과 네팔음식거리...272

50년 역사의 노포 골목, 인장 골목과 문구·완구 거리...275

재생으로 옷을 입는 창신동...281

사회적 경제의 실험 무대 창신길 ...285

사회적 기업과 공공예술 프로젝트 ...291

우리나라 사회적 경제의 현주소 ...295

도시 산책 플러스 ...300

참고문헌 ...301

철공과 예술의 만남, 문래동

문래동 철공 골목을 찾아서 ...304

영등포와 문래의 시간을 거슬러 오르다 ...307

10명만 모이면 미사일도 만드는 골목 ...311

철공인들이 그려낸 철공 골목 풍경화 ...315

문래동4가, 1941년 조선영단주택을 만나다 ...320

벽화와 조형으로 재탄생한 문래 철공 골목 ...325

문래 철공 골목, 예술인들이 놓친 것들 ...330

젊은 열정의 무대가 된 철공 골목 ...335

젊은 예술가들의 문화 예술 공간으로 ...338

문래동 문화예술의 인큐베이팅은 어디까지? ...345

전면 재개발에서 재생 모델로 ...348

도시 산책 플러스 ...352

참고문헌 ...353

삶의 현장, 을지로

은행과 증권사 등 금융기관이 을지로 대로변을 따라 밀집하여 거대한 스카이라인을 이룬다. 고층 빌딩으로 가득했던 도시 분위기는 금세 사라지고 타일, 도기, 조명, 벽지, 페인트 등 저층의 건축 자재 점포로 거리는 바뀐다. 골목 안쪽으로는 인쇄소, 공업사 등 소규모 공장들이 세월의 무게가 힘겨운 듯 서로를 기대고 있는 모양새다. 그나마 골목과 수십 년을 함께해 온 작은 식당들이 이곳 노동자의 허기를 달래 줄 뿐이다. 화려한 고층 건물 숲 사이로 아직까지 소박하게나마 사람 사는 냄새나는 풍경이 바로 이곳 을지로다.

'우리나라 최초로 차도와 인도가 구분된 거리', '우리나라 최초의 주유소가 있었던 곳', '우리나라에서 최초의 생맥주를 팔았던 상점', '엘리베이터가 있던 최초의 상가아파트' 등 저마다의 사연들로 골목은 이야기꽃을 피운다. 일제 강점의 가슴 아픈 역사를 간직한 을지로 금융 지구, 건축 자재들이 한데 집적한 을지로3·4가 등이 그려내는 골목 풍경은 다양성 그 자체다. 타일·도기·조명·벽지 등의 건축 자재 점포들이 각각 모여서 만들어진 건축 자재 거리, 조각·금속 제품을 만드는 작은 공장이 밀집한 조각 거리, 크고 작은 인쇄소로 가득한 충무로·을지로 인쇄 골목, 전자·전기·부품 산업의 산실로 알려진 세운상가 등이 독특한 거리 경관을 그려낸다.

해방촌, 연남동, 성수동과 같이 소위 요즘 뜬다고 하는 핫 플레이스에 비하면 방문객들의 발걸음이 더디지만 오히려 이것이 반갑다. 관심을 받자마자 거대한 상권이 형성되면서 개성을 잃어버리고 젠트리피케이션을 겪는 거리 풍경과 조금은 다르다. 하나, 둘, 셋, …, 숫자를 세어 가면서 천천히 걷는 을지로를 보면 흐뭇하다.

청계천의 물줄기가 만든
을지로

－

경복궁을 사이에 두고 그 서편에는 서촌, 동편에는 북촌이라는 마을이 형성되었다. 인왕산과 북악산 사이 계곡에서 흘러내려 온 백운동천이 옥류동천, 사직동천과 만나 서촌에서 하나의 물줄기를 형성하였다. 북악산 삼청공원 쪽 계곡에서는 삼청동천●이 남쪽으로 흘러 북촌의 물줄기를 형성하였다. 두 물줄기는 지금의 세종대로 사거리 교보문고 앞에서 하나의 물줄기가 되어 동쪽으로 방향을 틀어 흘렀다. 이것이 바로 수도 한양의 명당수인 청계천이다. 조선 시대 청계천을 중심으로 한양은 크게 북촌과 남촌으로 나뉘었다. 청계천 북쪽인 북촌에는 주로 권문세가의 거주지가 형성되

● 삼청(三淸)은 도교(道敎)의 태청(太淸), 상청(上淸), 옥청(玉淸)을 모셨던 삼청전(三淸殿)이 있었던 곳이라고 해서 붙여진 것이다. 다른 의미로는 산이 맑은 산청(山淸), 물이 맑은 수청(水淸), 사람이 맑은 인청(人淸)이라고 해서 붙여졌다고 전해진다. 삼청동천은 동십자각을 지나서부터는 중학천으로 그 이름이 바뀐다.

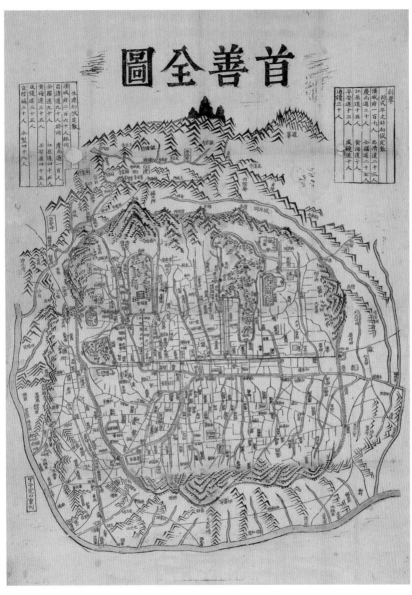

「수선전도」로 보는 서울의 물길

었던 반면, 그 남쪽인 남촌에는 하급 관료들과 관직에 오르지 못한 양반들의 거주지가 형성되었다. 남산 밑은 술을 잘 빚고 북촌은 떡을 잘 만든다는 뜻의 '남주북병(南酒北餅)'이라는 말이 만들어진 연유 또한 이 때문이다. 경제적으로 여유로웠던 북촌에서는 떡을 자주 해 먹었던 반면, 남촌에서는 고단한 생활을 달래느라 술을 자주 마셨고, 술을 만들어 생계를 유지하는 사람들이 많았다는 의미다.

청계천을 사이에 두고 그 윗길인 종로와 아랫길인 을지로● 주변으로는 혜민서, 장악원, 하도감 등 일부 관청과 시장, 그리고 시장에서 살았던 서민들의 생활 공간이 형성되었다. 청계천은 수시로 범람했는데, 특히 을지로 주변은 비만 오면 푹푹 빠지고 침수되기 일쑤였다. 그나마 남산 아래 충무로(진고개) 일대는 나은 편이었지만 수시로 치수 문제로 고민해야 했다. 경제적으로 소외되었던 남촌 지역이 서울의 중심 공간으로 자리 잡게 된 것은 일제 강점기 일본인 거주지가 남산 아래 충무로에 형성되면서부터다. 그 이전부터 일본인들이 도성 안으로 들어오기는 했지만, 본격적으로 도시 구조를 갖추어 나가기 시작한 것은 이때부터다. 을지로는 1914년 일제 강점기에는 일본식 명칭인 황금정(黃金町)으로, 1927년에는 황금정통(黃金町通)으로 불렸다. 도로 양옆으로 동양척식회사와 조선식산은행 등 대규모의 은행들이 세워졌을 정도로 일제 강점기 중심 거리로 성장하였다. 종로 3가 일대에 자리 잡고 있던 방직 공장들은 을지로 주변으로 확대되어 방산 시장까지 범위를 넓혔다.

● 중구 을지로1가와 2가 사이에 있던 나지막한 고개였던 곳으로, 옛 이름은 구리개이다. 땅이 몹시 질어서 먼 곳에서 보면 마치 구리가 햇볕을 받아 반짝이는 것 같다고 해서 붙여진 지명이다 (출처: 서울특별시사편찬위원회, 2009).

지리교사의 서울 도시 산책

인쇄 산업도 이 시기부터 을지로에 집중되었다. 당시 식민 정책에 의해 인쇄 산업은 대부분 일본인에 의해 운영되었고, 조선인들의 진출은 매우 제한적이었다. 일제 강점기 을지로는 남산 아래 모여 살던 일본인에게 필요한 물건을 만드는 공장과 식민 통치를 위한 기반 시설들이 조성되면서 명동과 함께 식민 통치의 중심 거리가 되었다. 1930년대부터 생필품, 인쇄, 철강 등 여러 공장이 하나둘 자리를 잡아 가면서 을지로 공장거리가 형성되었다. 해방 후 일본식 동명을 우리말로 바꾸면서 을지문덕 장군의 성을 딴 을지로(乙支路)라고 이름 붙여졌다.

서울특별시 중구를 동서로 가로지르는 중심도로 중 하나였던 을지로는 해방 직후 시청에서 광희문까지 이르는 구간이었다. 지금은 그 범위가 확대되어 서쪽으로 서울특별시청, 동쪽으로 동대문역사문화공원에 이르는 총 길이 약 3킬로미터에 이르는 길이 되었다. 서울의 중심도로 중 하나지만 도로 폭이 좁고 시장 및 공장 등이 자리 잡고 있던 지역으로 개발이 더디었다. 본격적으로 고층 건물들이 들어서기 시작한 것은 1984년 지하철 2호선

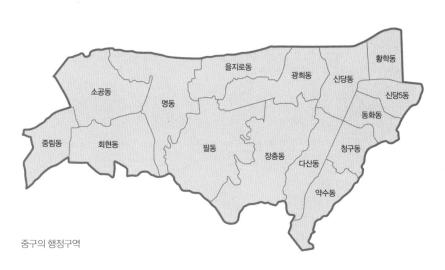

중구의 행정구역

이 완공되면서 부터다.

을지로는 전 지역이 동시에 개발된 것이 아니라 블록 단위로 재개발이 이루어져 스카이라인의 연결성이 떨어졌다. 을지로1·2가는 시청, 명동과 인접해 있어서 일찍이 중심 업무 지구로서 고층 건물이 들어선 반면 을지로3·4·5가는 개발이 지체되면서 다소 낙후된 모습이 남아 있게 되었다. 최근 을지로5가에는 동대문 패션거리가 있는 을지로6가와 연계되어 호텔, 사옥 등 고층 건물이 들어서고 있다.

을지로는 도로명이면서도 서울특별시 중구 을지로1가에서 을지로7가에 이르는 7개 법정동의 이름이기도 하다. 이 중 을지로1가와 을지로2가는 행정동인 명동이 관할하고, 을지로3·4·5가는 을지로동이, 을지로6·7가는 광희동이 관할하고 있다.

화려한 스카이라인에 숨겨진
식민 역사의 공간, 을지로1가

서울특별시청 앞 서울광장을 지나
는 소공로(小公路)●에서 갈라져 나

> ● 태종의 둘째 공주 경정공주(慶貞公主)
> 가 살았던 곳이라고 해서 이름 붙여진 소
> 공동에서 유래된 이름이다.

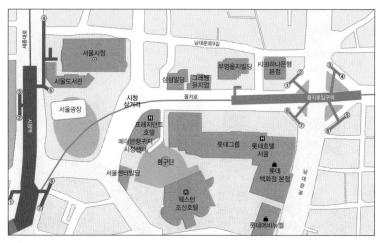

을지로1가. 서울센터빌딩에서 을지로입구역까지 이어진 을지로 주변 지역이다.

온 을지로, 여기서부터 서울광장과 환구단 사이를 지나 지하철 2호선 을지
로입구역까지 약 400미터의 구간이 을지로1가다. 조선 초기 수도 한양을
관할하던 한성부 남부 광통방(廣通坊)●과 호현방(會賢坊)●● 일부 지역이
었다. 일제 강점기에는 황금정(黃金町) 1정목이었던 곳으로, 해방 후 1946
년 일본식 동명을 우리식으로 바꾸면서 을지로1가가 되었다.

지금 을지로1가는 을지로 북쪽으로 삼성빌딩, 그레뱅뮤지엄, 부영을지
빌딩, KEB하나은행 등이, 남쪽으로 프레지던트호텔, 롯데그룹 사옥, 롯데
호텔, 롯데백화점 등이 고층 빌딩 숲을 이룬다. 소위 공룡 유통 기업으로 대
표되는 롯데그룹의 사옥과 백화점, 호텔 등이 한데 밀집한 을지로 남쪽은
'소공동 롯데타운'으로 불린다. 화려한 거리 풍경 속에는 암울했던 역사의
흔적이 남아 있다. 황금정으로 불렸던 을지로는 본정(本町, 충무로), 명치
정(明治町, 명동)과 함께 일제 강점기 식민 지배의 중심지였기 때문이다.
지금의 롯데호텔 자리에는 화강암 기둥과 붉은색 벽돌로 쌓아올린 2층 건
물의 동양척식회사와 조선총독부의 경제 정책을 뒷받침했던 특수 은행인

● 한성부 남부의 11방 중 하나로, 종로에서 남대문으로 이어지는 큰 길이 있어서 유래된 지명이다.
●● 한성부 남부의 11방 중 하나로, 어진 선비가 많이 살았다 하여 유래된 지명이다.

롯데그룹, 롯데백화점, 롯데호텔 등 롯데 거리가 형성된 을지로1가

조선식산은행

동양척식주식회사

옛 반도호텔이 있던 자리에 지어진 롯데호텔

조선식산은행이 있었던 곳이다. 그 전신은 1906년 대한제국의 재정 고문이
었던 메가다 다네타로(目賀田種太郎)가 설립한 농공은행(農工銀行)이었
다. 당시 농업 및 공업의 개량과 발전을 위해 만들어진 농공은행이 1918년
산업 개발을 추진한다는 명분하에 조선식산은행으로 재탄생하였다. 전국
에 60개소의 지점을 두고, 산미증식계획 등의 여러 산업 사업을 통해 식민
지 자금 공급을 담당했다. 일본이 조선식산은행의 산업 자본 대출을 통해
식민 지배를 가속화하면서 의열단 단원이었던 나석주● 의사가 폭탄을 투

● 1890년 황해도 재령군 태생으로 1910년 양산학교에서 수학하였고, 1913년도 신흥무관학
교를 졸업하였다. 1919년 3·1운동 이후 평산군에서 시위하다 체포되었고, 1920년 6인 권총단
을 조직하여 군자금 모금 활동을 이끌었다. 이후 상하이 대한민국 임시정부에서 활동하였고, 중
국군 장교로 근무하다가 의열단에 입단하였다.

웨스턴조선호텔

척했던 독립운동의 현장이기도 하다. 중일 전쟁 이후로 조선식산은행은 국
내 자금을 전쟁 준비를 위해 군수 공업에 공급하는 등 불공정하고 불합리
한 운영을 일삼았던 식민지 경제 침탈의 주범이었다. 그러나 1945년 8·15
해방 이후 조선식산은행은 자연스럽게 새로 만들어진 산업은행에 편입되
었다. 이런 과정 때문에 조선식산은행을 산업은행의 전신으로 봐야 할지,
아니면 단순히 흡수된 것으로 봐야 할지를 두고 여전히 논란이다.

　롯데호텔의 자리에는 일제 강점기 조선식산은행뿐만 아니라 반도호텔도
있었다. 이 호텔은 당시 조선호텔(현재 웨스턴조선호텔)을 방문했던 일본
인 노구치 시타가우(野口遵)가 남루한 복장 때문에 문전박대를 당하면서
이를 앙갚음하기 위해 지은 것으로 유명하다. 지하 1층, 지상 8층 규모로 4
층이었던 조선호텔을 압도하였다. 그는 자신의 사무실을 5층에, 객실은 조
선 호텔을 아래에 두고 경성의 풍경을 만끽할 수 있도록 6층부터 8층에 두
었다. 해방 전까지 두 호텔은 경쟁 관계였지만 사실 '반도', '조선' 등의 호텔
이름은 식민 지배의 상징이었다.

　해방 후 미 군정기의 반도호텔은 미군 장교들만이 드나들 수 있는 미군

그레뱅뮤지엄과 부영을지빌딩

사령부 지휘 본부로 재탄생하였다. 1948년 대한민국 정부가 수립된 후에는
미국 대사관으로 사용되었다. 6·25전쟁 당시 폭격을 받아 훼손되었던 반
도호텔은 이후 정부가 매입하여 외국인 전용 호텔로 탈바꿈하였다. 이승만
정부 때는 유난히 많은 정치인들이 이곳을 드나들어 '호텔 정치'라는 말이
탄생되기도 했다. 이렇게 20여 년의 세월이 흐른 후 1973년 반도호텔은 롯
데에 매각되었다. 1979년 롯데는 이 터에 지상 38층 규모에 1000개의 객실
과 18개의 레스토랑을 갖춘 특급호텔을 개장하였고, 그 옆에 롯데백화점●
의 전신인 '롯데쇼핑센터'도 함께 개점하였다. 2003년 영플라자를 개점하
였고, 옛 한일은행 본점을 인수하여 2005년 명품관인 에비뉴엘을 개점하여
지금에 이르고 있다.

롯데호텔 맞은편 고층빌딩 한가운데에는 4층 규모의 다소 낮은 건물
하나가 자리하고 있다. 빨간색 페인트로 일부 치장을 했지만 여전히 화

● 1988년 본점 신관을 확장해 재개장하였다. 건물 지하에는 국내 최초의 패스트푸드점인 롯데
   리아도 문을 열었다.

강석과 타일 마감에서 오랜 세월의 흔적이 묻어난다. 현재 그레뱅뮤지엄 (Grevin Museum)으로 사용되고 있는 이 건물은 1938년 준공된 미쓰이물산 주식회사 경성 지점이었다. 당시 을지로 지역이 번화하기 시작하면서 일본 최초의 상사인 미쓰이물산이 들어와 자리를 잡았다. 해방 이후 1948년 '한·미 간 재정 및 재산에 관한 최초 협정'에 따라서 미국이 인수하여 미국문화원으로, 1990년부터는 서울특별시청 을지로 별관으로 사용되었다.

Tip

고종 황제, 하늘에 조선을 맡기다

황궁우

석고단

삼문

환구단은 하늘의 신의 제사를 지내기 위해 만든 제단이다. 땅의 신의 제사를 지내는 사직단이 네모난 방형인 것과 달리, 하늘에 제사를 지내는 환구단은 원형이다. 이는 하늘은 둥글고 땅은 모나다는 천원지방(天圓地方)에서 연유한다.

1897년 고종은 이곳에서 천신에게 제사를 지낸 후 대한 제국의 황제로 즉위하였다. 환구단 대부분은 해체되고 지금은 황궁우(皇穹宇)와 석고단(石鼓壇), 삼문만이 남아 있다. 지금 남아 있는 팔각의 황궁우는 신위를 봉안하던 건물로, 환구단의 북쪽 모퉁이에 해당하며 그 앞에 있는 석고는 1902년 고종 즉위 40년을 기념하여 세운 석조물이다. 황궁우의 기단은 원형이고, 그 위로 3층 팔각의 건물을 세웠으며, 중앙에는 태조의 신위를 봉안하고 있다. 석고단은 고종 즉위 40주년을 기념하기 위해 1902년 세워진 것으로 석고 측면에 새겨진 용무늬 조각은 섬세한 조형미를 보여 준다.

2006년 서울시에서는 이곳의 문화유산으로서의 가치를 인정해 등록문화재 238호로 지정하였다.

2013년 서울시는 관광 산업 기반 구축의 일환으로 프랑스 CDA사와 업무 협약을 맺고 2015년 이곳에 그레뱅뮤지엄을 개관하였다. 밀랍 인형 전시관인 그레뱅뮤지엄은 시네마 천국과 레드카펫존을 두고, 한국의 위인과 명예의 전당 등의 테마 공간과 체험 공간을 두었다. 세계적인 스타 마이클 잭슨과 마돈나를 비롯해 한류 드라마와 K-팝 등으로 인기를 얻고 있는 한류 스타의 밀랍 인형이 전시되어 있어 외국인 방문객들에게 큰 인기를 얻고 있다.

그레뱅뮤지엄 옆으로는 1987년 준공되어 삼성화재 을지로 사옥으로 사용되었던 부영을지빌딩이 자리 잡고 있다. 지하 6층~지상 21층, 연면적 5만4653제곱미터 규모의 오피스 빌딩이다. 2010년대 중후반까지 공실률이 약 50%에 달했던 이 빌딩을 부영이 인수하여 2018년 대형 식당가를 함께 갖춘 오피스 빌딩으로 변화시켰다. 지하 1층에서 지상 2층까지 20여 개 지역별 유명 맛집을 한곳에 모아 '디스트릭트C(District-C)'라는 셀렉다이닝(Select Dining)●을 열었다. 개점 초기에는 음식점과 카페, 디저트 전문점 등이 일반 푸드코트와는 다른 방식과 차별화된 인테리어로 복합 문화 외식 공간을 제공하여 인기를 얻었다. 하지만 최근 빌딩 임대 시장이 침체되면서 부영은 1년 반 만에 재매각 수순을 밟게 되었다. 2019년 현재 공실률이 약 30%에 이르고 임대 수익률도 높지 않아 거래가 되지 않고 있는 상태이다. 과연 부영을지빌딩의 새 주인이 누가 될지 금융투자업계에서도 여전히

● 한 공간 안에 유명 맛 집이 모여 있는 컨셉형 레스토랑의 일종이다.

귀추를 주목하고 있다.

을지로1가와 접경을 이루는 소공로 앞 웨스턴조선호텔은 일제 강점기 '조센호테루(Chosen Hotel)'라는 일본식 이름으로 불렸다. 일본은 고종이 대한제국 황제가 되어 즉위식을 치렀던 환구단을 헐어버리고, 1914년 남만주철도주식회사●를 통해 근대식 호텔을 세웠다. 그 위치는 당시 내외국인들이 많이 드나들던 조선총독부와 경성역, 조선은행 사이 한가운데였다. 약 22,150제곱미터의 대지에 지상 4층, 지하 1층의 건평 약 1,928제곱미터 규모로 세워진 조선호텔은 독일인 건축가 게오르크 데 랄란데(Georg de Lalande, 1872~1914년)●●가 설계하였다. 수직열차로 불렸던 엘리베이터가 최초로 운행되었고, 좌변기가 설치되었으며, 사교댄스 무대가 열렸다. 서양식 결혼식이 열렸고, 뷔페를 즐길 수 있었으며, 아이스크림도 판매되었다.

일제 강점기를 살았던 소설가 이효석은 그의 작품 『벽공무한』에서 당시 조선호텔의 모습을 그려냈다. 문화 산업을 하던 주인공 천일마가 하얼빈에서 만난 러시아 댄서 나아자와 결혼하고 돌아와서 머문 공간이 바로 조선호텔이었다. 나아자는 호화롭게 치장한 조선호텔의 풍경에 반하고 만다. 반대로 천일마에게 조선호텔은 그저 덧없는 것일 뿐이었다. 도시의 빈민으로 전전하며 살아가는 조선인들의 모습에 대비되는 풍경이었기 때문이다.

해방 후 미군정 사령부와 이승만의 집무실 등으로 사용되었다. '임페리얼 수우트'로 불렸던 귀빈실 201호는 이승만, 김구, 서재필 등이 머물렀

● 1906~1945년까지 운영되어 온 일본의 국책 철도 회사로 일명 '만철(滿鐵)'로 불렸다. 철도 사업과 광업, 제조업 등 광범위한 분야의 사업을 진행하였다.
●● 조선총독부 청사를 설계했던 독일의 건축가로 일본에서 주로 활동하였다.

다. 이승만 정부에 와서 조센호테루라는 일본식 명칭은 조선호텔(Chosun Hotel)로 바뀌었다. 한국전쟁 이후에는 미8군의 숙소로 사용되었고, 밥 호프와 메릴린 먼로, 맥아더 장군 등을 비롯해 포드와 레이건 등 전 미국 대통령 등도 이곳에 머물렀다. 1961년부터 미군으로부터 양도받아 총리 공관으로 사용하다가 국가에 귀속되어 관광호텔로 사용되었다. 이후 1970년 호텔은 재건축되었고 1979년 웨스턴인터내셔널호텔과 합작하여 웨스턴조선호텔로 이름을 바꾸었다. 1995년 신세계에서 인수하여 지금에 이르고 있다.

금융 지구의 시작, 을지로2가

을지로2가는 을지로입구역 앞 사거리에서 을지로3가역 앞 사거리까지 고층 빌딩 숲으로 이어지는 약 600미터에 이르는 구간이다. 행정구역으로 보면 북으로는 수하동과 장교동, 남으로는 명1가, 저동1가와 경계를 이루고 있다. 현재 국내 최대의 금융 기업들이 한데 모여 재도약의 날개를 펴고 있는 한국 금융의 메카다.

1970년대 을지로는 강남 개발로 한국거래소가 여의도로 이전하고, 이를 따라 여러 금융사와 증권사도 여의도로 떠나면서 중심 기능을 잃게 되었다. 이후 1980년대까지만 하더라도 을지로 주변은 몇몇 고층 빌딩을 제외하고는 대부분 소규모 인쇄 업체들이 집적된 인쇄 골목에 불과했었다. 88 서울올림픽에 대비해 도심 재개발 사업이 진행되면서 고층 빌딩들이 을지로에 하나둘 들어서기 시작했다. 특히 2000년대 시작된 을지로 장교 재개발 사업은 현재 을지로의 스카이라인을 갖추는 데 중요한 계기가 되었다.

전국은행연합회를 비롯해 KEB하나은행, 신한은행, IBK기업은행, 유안타증권, 신한카드 등 여러 금융기관이 집적한 을지로 금융 지구

일제 강점기 동양척식주식회사가 있던 자리에 있는 KEB하나금융그룹 사옥

한국 금융의 메카 자리를 여의도에 장기간 내주었던 을지로가 다시 활기를 찾을 수 있었던 것은 2010년 서울시에서 을지로2가 일대를 '금융특정 개발 진흥지구'로 지정하면서부터다. 지금은 전국은행연합회를 비롯해 KEB하나은행, 신한은행, IBK기업은행, 유안타증권, 신한카드 등 여러 금융기관이 집적하여 거대한 금융 지구를 형성하고 있다.

을지로입구역 5번 출구에서 을지로2가 방향으로 약 70미터 정도 거리에 하나대체투자자산운용이 자리 잡고 있다. 대지 면적 약 11,742제곱미터인 이 건물은 을지로와 명동 일대에서 가장 큰 규모의 오피스 빌딩으로 1981년 완공되어 25년간 외환은행 본점으로 사용되었다. 2012년 외환은행을 하나은행이 인수한 후 2015년 하나은행으로 통합된 뒤 KEB하나은행으로 사명을 변경하였다. 얼마 전까지 이 빌딩은 KEB하나금융그룹 명동 사옥(본사)으로 운영되다가 신사옥이 완공되면서 2017년 부영에 약 9000억 원의 금액으로 매각했고 지금은 하나대체투자자산운용이 임대해 사용 중이다.

지금은 이 빌딩이 을지로 금융 지구를 대표하고 있지만 사실 이 자리는

나석주

우리 역사의 가슴 아팠던 한 장면이었다. 90여 년 전 이곳에 한 건물이 있었고, 1926년 12월 29일 조선인 한 명의 한마디 외침이 있었다.

"나는 조국의 자유를 위해 투쟁했다. 이천만 민중아, 분투하여 쉬지 말라!"

　　　　　　　　의열단 단원이었던 나석주 의사가 남긴 말이다. 앞서서 조선식산은행에 폭탄을 투척했던 그가 다시 이곳으로 이동해 폭탄을 투척하고 시가전을 벌이다가 결국 자결하고 만다. 서른다섯의 이른 나이에 삶을 마감해야 했던 그가 우리 역사에서 지워버리고자 했던 곳은 동양척식주식회사(東洋拓殖株式會社)였다. 1908년 일본이 한반도의 경제 수탈을 목적으로 만든 동양척식주식회사는 동척(東拓)으로 흔히 불렸다. 설립 당시 조선의 자원을 개발하고, 식산을 증대시키는 것을 목적으로 하였지만 1910년 한일강제병합 이후 본격적으로 식민지 토지를 수탈해 갔다. 토지 조사 사업을 통해 강제로 우리 민족의 토지를 빼앗고, 소작인들에게 5할이 넘는 고액의 소작료를 징수하였다. 또한 1만 명에 달하는 일본인 이주자들에게 저렴한 비용에 양도하여 이를 조선 침략의 발판으로 삼았다. 일본인 지주 한 명이 정착하면 농민 200명이 굶주려야 하는 참혹한 현실이었다. 1922년 황해도 재령을 비롯하여 1930년대까지 소작 쟁의가 끊이지 않았던 것도 모두 동척 때문이었다. 결국 빈농이 된 조선인들은 1930년까지 약 30만 명이 간도 지역으로 이주했으며, 국내 거주 농민들도 끊임없는 식량 수탈과 전쟁 준비로 궁핍한 삶을 살아야만 했다.
　　이처럼 동양척식주식회사는 일제 강점기 조선식산은행과 함께 식민지 경제 침탈의 원흉이었다. 그 흔적은 지워진 지 오래지만 식민지의 역사는 우리 가슴 속에 여전히 아픈 상처로 남아 있다. 젊은 나이에 생을 마감해야 했던 나석주 의사의 기념비를 보며 잠시나마 그가 그리도 그렸을 조국 해방의 꿈을 담아 그에게 전해 본다.

–
골뱅이부터 노가리까지,
노포골목 을지로
–

을지로3가는 을지로3가역 2번 출구부터 세운상가 앞까지 약 500미터에 이르는 구간이다. 북으로는 중구 수표동과 입정동, 남으로는 초동과 인현동1가와 경계를 이룬다. 남북으로 곧게 뻗는 충무로가 을지로3가 한가운데를 관통한다. 3층 규모의 낮은 건물들로 이어지는 거리는 고층 건물이 스카이라인을 이루는 을지로1·2가와 완전한 대비를 이룬다. 수십 년은 되어 보이는 낡은 건물들이 서로를 기대고 있는 모습은 마치 1970~1980년대 드라마 세트장을 방불케 할 정도다. 6차선의 도로가 갑자기 더 넓어 보이는 듯한 착시 현상마저 느껴지는 을지로는 공구, 조명, 타일, 도기 등의 상점들이 한데 모여 실내건축 자재거리를 이룬다. 요즘 소위 말하는 핫 플레이스와는 거리가 먼 듯하다.

우리네 옛 동네 풍경이 펼쳐지는 을지로3가 골목은 사람 사는 냄새로 가득하다. 인근의 인쇄 골목과 공업사 골목의 노동자들이 회포를 푸는 먹거

을지로3가 골목 명소

리는 근처 금융 기업과 대기업에 근무하는 직장인들에게도 큰 인기다. 2~3
년만 지나도 간판을 바꿔 다는 여타의 동네들과 달리 이곳에서는 20~30년
이 넘은 식당들은 예사일 뿐더러 50~60년이 넘은 식당도 여전히 성업 중이
다. 여기서는 새로운 것이 인기를 끌지 못한다. 오히려 오래되면 오래될수
록 그 가치를 인정받게 되는 노포 동네다.

암소 등심 전문점 '통일집(1969년)', 가마솥 육개장 전문점 '안성집(1957
년)', 곱창전문점 '우일집(1967년)', 소갈비집 '조선옥(1969년)' 우리나라에
서 처음으로 굴짬뽕을 선보인 중국 음식점 '안동장(1948년)', 초계탕 명소
인 '평래옥(1950년)', 설렁탕집 '이남장(1973년)' 등 적어도 50년 이상 된 노
포들이 여전히 인기다. 이것만이 아니다. 녹두빈대떡으로 유명한 '원조녹
두', 양대창집 '양미옥', 쌍화차로 유명한 '을지다방'과 평양냉면 전문점인
'을지면옥'을 비롯해 술안주로 골뱅이와 노가리를 팔아 형성된 골뱅이 골목

지리교사의 서울 도시 산책

과 노가리 골목도 빼놓을 수 없다.

을지로3가역 11·12번 출구에서부터 이어지는 골뱅이 골목, 이 거리의 시작은 지금으로부터 60년 전인 1959년으로 거슬러 올라간다. 이 골목의 원조 격인 '원조영동골뱅이'에서 술안주로 골뱅이무침을 팔기 시작한 것에서 연유한다. 당시 골뱅이는 일본에서 인기가 많아 국내에서 만든 통조림으로 수출하는 상품이었다. 이 중 일부가 을지로 일대로 유통되면서 이 지역에서 골뱅이를 쉽게 구할 수 있었다. 동해에서 워낙 많이 잡혀서 가격이 저렴해 가난한 노동자들이 술안주로 즐겨 먹었다. 1980년대에 들어오면서 골뱅이의 인기가 더더욱 높아지자 을지로 일대에 골뱅이 식당이 하나둘 늘

을지로 일대 공업사 주변의 노포들. 조선옥, 우일집, 을지면옥, 이남장

산업화 시기부터 지금까지 이어 온 을지로 골뱅이 골목

서울미래유산으로 지정된 을지로 노가리 골목

어가면서 골뱅이 골목이 형성되었다. 그 명맥은 지금까지 이어져 영동·영락·명동·을지·덕원·풍납·우진 등의 골뱅이 식당이 여전히 성업 중이다. 대구포와 마늘, 고춧가루로 양념한 파와 골뱅이를 무쳐 새콤한 맛을 내는 골뱅이 무침이 인기다. 퇴근 시간이 되면 주변 공장이나 기업에서 근무하는 직장인들이 삼삼오오 모여들면서 골목은 활기가 넘친다.

을지로3가역 3번 출구에서 북쪽으로 이어진 을지로13길, 이 길을 따라 약 50미터를 오르면 충무로9길, 충무로11길이 서로 만나 ㄷ자형의 골목을 이룬다. 1960년대부터 술집들이 자리 잡고 있던 골목으로 지금도 을지OB베어, 뮌헨호프, 만선호프 등 20개가 넘는 호프집이 자리를 잡고 있는 호

지리교사의 서울 도시 산책

프 거리다. 1980년대 을지OB베어를 시작으로 노가리를 술안주로 판매하면서 일명 '노가리 골목'으로 불리기 시작하였다. 주변 직장인들을 위해 저렴한 가격에 노가리가 판매되면서 지금은 을지로3가를 대표하는 먹거리로 자리 잡았다. 한낮부터 이곳을 찾는 노년층 손님들이 많다 보니 술장사치고는 꽤나 이른 시간인 정오에 문을 연다. 저녁이 되면 넥타이를 맨 직장인들로 손님이 바뀌고, 대부분 밤 12시면 문을 닫는다. 매해 열리고 있는 '노가리 호프 축제' 기간이 되면 생맥주 500cc 한 잔에 3000원, 노가리 한 마리는 1000원에 판매하면서 이삼십 대 젊은이들로 골목은 문전성시를 이룬다. 2000년대 이전 가격 그대로 판매하는 이곳 노가리 골목만의 판매 전략으로 이제는 서울을 대표하는 먹거리 축제로 자리 잡았다. 2015년에는 우리나라 특유의 먹거리 노가리와 맥주가 특화된 문화유산으로서 가치를 인정받아 서울미래유산으로 지정되었다.

수표동,
장인의 수제화

1970년대 산업특화거리가 형성되었던 을지로, 이 중 수표동 도로변은 제화점 거리, 일명 '수제화 거리'로 불려 왔던 곳이다. 산업화 시대를 대표하는 골목 중 하나였던 수제화 거리는 사라졌지만 아직도 이곳에 남아 그 시절을 기억하는 곳이 있다. 바로 송림수제화다. 1936년 송림화점으로 첫 문을 열었고, 1980년 송림제화로, 이후 2009년 송림수제화로 상호를 변경하여 지금에 이르고 있다. 한국전쟁 후 영국군 군화를 수선해 국내 최초의 수제

 서울미래유산 송림수제화(출처: 서울문화재단)

지리교사의 서울 도시 산책

축구화수선 노포, 금성축구화 수선

등산화를 만들었고 이후에는 산악용 스키화까지 제작해 판매하였다. 1988
년 서울올림픽 당시 사격화를 협찬하였을 정도로 수제화 제작에서는 국내
최고에 위치에 서 왔다. 80년이 넘는 동안 3대째 가업을 이어온 노포 송림
수제화는 을지로3가 일대의 산증인으로서 가치를 인정받아 2014년 서울미
래유산으로 지정되었다.

　광희동 사거리에서 퇴계로와 장충단로 사이에 끼어 있는 퇴계로58길,
1960~1970년대 서울의 골목 풍경이 아직까지 남아 있는 곳이다. 조그마한
골목길 안쪽에는 1963년 문을 연 후 지금까지 그 명맥을 이어오고 있는 금
성축구화수선이 자리 잡고 있다. 3평 남짓한 이 가게는 열여섯 살부터 축구
화를 수선해 온 사장이 약 55년간 운영해 온 국내 제일의 축구화 수선 노포
다. 개개인의 발을 일일이 확인하여 작업해야만 하는 축구화의 특성상 제
작하는 과정이나 수선 과정이 모두 까다롭다. 작업 과정만 약 40단계를 거
치기에, 장인이 하루 12시간 작업을 한다 해도 몇 켤레 수선하는 것이 다.
1980년대 현역 시절 '차붐'으로 불리며 독일 리그를 주름 잡았던 차범근 전

감독과 월드컵 4강 신화를 이뤘던 유상철, 안정환, 김병지, 홍명보를 비롯하여 현재 프로 리그에서 활동하는 선수에 이르기까지 이곳을 거치지 않은 축구 선수가 없을 정도로 축구인들 사이에서 명성이 자자하다.

100년의 양복점, 종로양복점

수표로45길, 을지로 골뱅이 골목 내 비즈센터 건물 안에는 100년을 이어온 양복점* 종로양복점이 있다. 1916년 일본 유학에서 배운 양복 기술로 보신각 옆에 문을 열어 종로를 무대로 운영되어 왔다. 1920년대 배재, 양정, 중앙, 보성, 휘문 등 5대 사립학교로 불렸던 중·고교 모두 이곳에서 옷을 주문해 입었을 정도로 인기였다. 2000년대 도심 재개발로 인해 종로를 떠나 지금의 자리로 이전되었다. 광복 이후 2대를 거쳐 3대로 이어 내려오고 있는 장인 노포로 그 가치를 인정받아 2014년 서울미래유산으로 지정되었다.

* 우리나라 양복 착용은 구한말 외국을 방문했던 개화파 인사들에 의해서 시작되었다. 조선 최초의 양복점은 일본인이 인천에 개업한 스에나가양복점이고, 한국인 양복점은 1985년 종로1가에 문을 연 한성피복회사가 최초였다. 1920년대 충무로 일대 일본인 양복점이 100여 개, 종로에는 한국인 양복점이 50여 개에 달했다.

타일·도기·조명 특화거리,
을지로3·4가

을지로3가역에서부터 을지로5가 사거리까지 약 1킬로미터에 이르는 구

간에는 타일·도기·조명·벽지·페인트 등의 상점이 집적해 건축 특화거리

타일·도기·조명·벽지·페인트 등의 인테리어 업체들이 집적되어 있는 을지로3가 일대

를 이룬다. 을지로3가역 2번 출구에서부터 3번 출구까지 약 200미터의 구간은 '타일·도기 특화거리'가, 을지로3가역 6번 출구에서부터 을지로4가역 1번 출구까지 약 400미터의 구간은 '조명 특화거리'가, 을지로4가역 6번 출구부터 을지로5가 사거리까지 약 300미터의 구간은 '벽지 거리'가 형성되어 있다.

이처럼 을지로 일대에 건축 및 인테리어 관련 업체들이 집적될 수 있었던 이유는 무엇일까? 그 이유는 전통적으로 목재 하역장이었던 왕십리와 뚝섬이 가깝다는 지리적 이점 때문이었다. 을지로4·5가에 많은 목재소와 제재소가 있어 가까이 인근 을지로3·4가 일대에 가구, 페인트, 건자재 업체들이 집적될 수 있었다(서울역사박물관, 2010b).

먼저 타일·도기 업체는 한국전쟁 당시만 해도 세 곳에 불과했으나 전쟁 이후 도시 재건이 진행되면서 도심과 가까운 을지로에 하나둘 모여들기 시작하였다. 특히, 1961년 타일 수입 금지 조치는 자연스럽게 국내 타일 제조업의 성장을 이끌었다. 이후 1970년대 강남 개발, 1988년 200만 호 건설 계획, 1990

을지로 타일·도기 특화거리

지리교사의 서울 도시 산책

년대 수도권 신도시 개발 등 국내 건설 산업 호황으로 인해 을지로의 타일·도기 대리점도 크게 성장해 나갔다. 마치 욕실 자재 전시장처럼 지금도 을지로 북쪽 대로변을 따라서 욕조, 변기, 타일 등의 간판을 단 140여 개의 타일·도기 대리점이 집적해 있다. 최근 공장 직거래가 많아지면서 중소 대리점 매출은 감소하고 있는 상황에서도 여전히 을지로를 터전으로 삼아 그들만의 거리를 지켜내고 있다. 지자체에서는 을지로3가역 2번 출구에서부터 3번 출구까지의 거리를 타일·도기 특화거리로 지정하고, 조형물을 설치해 홍보하고 있다.

을지로 아크릴거리

'Computer Numerical Control'을 줄여 CNC로 통칭한다. 기계를 만드는 공작기계를 컴퓨터 수치 제어를 통해 자동화한 것으로 기존의 NC공작기계의 오동작을 크게 줄여 다양한 분야에 활용되고 있다.

타일·도기 대리점이 집적된 을지로 북쪽 대로변과 달리 남쪽 대로변은 주로 아크릴 상점과 관련 업체들이 집적해 있다. 타일·도기 특화거리이기는 하지만 지역상인들 사이에서 남쪽 대로변 일대는 통상 '아크릴 거리'로 불린다. 을지로 일대가 집적의 효과가 크다 보니 자생적으로 다른 건축 자재와 함께 거리를 형성하게 된 것이다. 아크릴 상점 사이에는 조명과 페인트, 인테리어 소품 상점도 함께 자리를 잡고 있다. 광고 분야에서 많이 이용되고 있는 아크릴은 건축 자재로도 각광을 받고 있는 재료다. 유리보다 안전할 뿐만 아니라 레이저와 CNC 기술을 이용해 가공이 편리하고 자유롭기 때문이다.

타일·도기 특화거리를 지나면 조명 특화거리가 이어진다. 약 200개의 조명 상점이 을지로3가역 6번 출구에서부터 을지로4가역 1번 출구까지 집적해 형성된 거리다. 을지로4가역 사거리, 창경궁로를 따라 그 위아래로는 미싱● 특화거리와 가구 특화거리가 형성되어 있다. 또한 을지로4가역부터 시작해 을지로5가 사거리까지는 벽지 거리도 형성되어 있다. 벽지 거리는 방산시장으로 가는 을지로35길까지 이어진다. 바닥재, 페인트, 철물 등 관련 상품을 판매하는 상점들도 함께 자리 잡고 있다. 도시 재건기에 타일·도기 등과 함께 건축 관련 업체들이 집적되어 형성된 곳이다. 섬유 산업이 발전하면서부터는 재봉틀 상점이 모여들어 미싱 거리도 형성되었다. 1970년대 산업화가 진전되면서 더욱 성장하게 되었고, 1980~1990년대 최대의 전성기를 구가하였다. 하지만 1990년대 이후 조명 시장과 가구 시장은 타 지역으로 확대되었고, 재봉틀 시장은 축소되면서 쇠퇴의 길을 걷게 되었다. 온라인 유통망이 갖춰지기 시작한 2000년대 들어 업체 규모에 따라 다른 양상이 나타나게 되었다. 일찍 온라인 유통망을 갖춘 대형 업체는 판매망이 확대되면서 더욱 성장하게 되었던 반면, 중소 업체는 오히려 판로가 축소되는 어려움을 겪게 되었다. 규모별 차이는 있지만 여전히 을지로는 규모나 매출에서 국내 최대의 조명 1번지다.

을지로3가역 6번 출구에서 부터 시작되는 조명 특화거리, 사실 그 초입

● 우리말로는 재봉틀이다. 우리나라에는 1877년 처음 도입되었고, 일제 강점기를 거쳐, 1960년대 중반 섬유산업이 발전하면서 대중화되었다. 섬유산업 종사자들에게는 아직까지 재봉틀보다는 '미싱'이라는 이름으로 더 많이 불리고 있다. 우리말을 사용해서 미싱 대신에 봉제나 재봉틀이라고 하는 것이 맞지만 중구청에서는 해당 산업 노동자가 사용하는 언어를 살려 아직까지는 '미싱' 특화거리로 부른다.

공구·철물·금속·타일·아크릴 등의 상점이 함께 자리한 조명 특화거리 일대

국내 조명 산업 1번지, 을지로 조명 특화거리

섬유산업이 발달하면서 형성된 미싱 특화거리

방산시장으로 이어지는 골목
길에 형성된 벽지거리

을지로4가역부터 을지로5가 사거리 일대에 형성된 벽지거리

은 조명 상점보다는 공구·철물·타일·도기·아크릴 상점들이 주를 이룬다.
세운상가를 지나 미싱·가구·벽지 등의 특화거리가 형성된 을지로, 그 길
을 따라 을지로5가 사거리까지 조명 특화거리는 계속 이어진다. 네다섯 곳
의 조명 상점이 있는 것에 불과했던 조명 거리는 세운상가에 이르러서야
비로소 특화거리다운 면모가 펼쳐지기 시작한다. 을지로4가역까지 건물

지리교사의 서울 도시 산책

하나마다 적어도 한두 개씩의 조명 상점이 입점해 거리에 아름다운 불빛을 쏟아낸다.

조명 상점들은 주로 1층에 자리 잡고 있지만, 간간이 2층에도 자리 잡고 있다. 이 중 규모가 큰 상점들은 1·2층을 모두 임대해 전시장 겸 매장으로 이용한다. 낮부터 밤까지 조명 상점은 다양한 디자인의 조명 상품으로 내부를 밝게 비춘다. 어둠이 내릴 무렵부터 화려함이 더해 가는 조명 빛이 거리로 쏟아져 내린다. 골뱅이 골목과 노가리 골목을 제외하고는 사람들이 물밀듯 빠져나가는 동네에서 이색적인 볼거리를 제공한다. 상업 가로를 비추는 화려한 네온사인이나 층층이 빛을 내는 고층 빌딩의 사무실 조명이 아니기에 더 흥미롭다. 제대로 된 조명 거리 문화가 없던 서울에서 이곳 을지로가 그 해답이 될 듯싶다.

문화 관광 상품으로서 을지로 조명 특화거리는 충분히 매력적인 공간이다. 타일·도기 특화거리, 세운상가, 인쇄 골목, 골뱅이 골목, 노가리 골목 등 을지로만이 가지고 있는 독특한 지역성과 산업 경관은 내·외국인 모두에게 흥미로운 소재가 된다. 단순히 방문객들의 유입만으로 지역이 관광지화 되면서 원주민들에게는 피해를 끼쳤던 기존의 도시 재생과는 달리 산업과 상업 지역이라는 특성상 오히려 이러한 변화가 지역을 살리는 동력이 될 것으로 보인다. 문화관광 자원으로서 조명 특화거리에서 비추는 빛은 홍보 효과로 자연스럽게 이어질 것이다. 더 나아가 주변에 있는 관련 건축자재까지 파급되어 전후방 연계 효과를 얻을 수 있다. 다만 항상 걱정스러운 부분은 지나친 인기로 인해 상업가로가 형성된 조명 거리의 기존 상점들이 프랜차이즈 카페나 음식점으로 바뀌지 않았으면 하는 것이다.

서울시에서도 조명 거리의 가치를 되살려내고자 하는 움직임을 보이고 있다. 조명 산업의 재생을 위해 중구청에서는 지역 상인과 협력하여 '을지라이트(Eulji Light)'라는 기업브랜드와 '올룩스(ALLUX)'라는 제품 브랜드를 제작하였다. 직접 시제품을 만들고, 다양한 상품을 출시하였다. 2015년부터는 창작자인 조명 디자이너와 소비자인 관객, 조명 업체가 참여하는 조명디자인전인 '을지로 라이트웨이'를 개최하였다. 조명 산업의 메카로 을지로를 재도약시키기 위해 중구청과 서울특별시디자인재단이 공동으로 기획해 올린 행사다. 서울시에서는 국내 조명 산업의 과거와 현재, 그리고 미래를 보여 주는 을지로의 문화적 가치를 인정하여 2017년 서울미래유산으로 지정하였다. 또한 2017년 중구청에서는 조명 디자인만으로 도시의 밤 문화를 새롭게 창조한 크로나흐(독일)와 리옹(프랑스)처럼 서울의 밤거리를 조성하겠다는 취지로 '길거리 야(夜) – 을지로 밤의 거리 미술관' 조성 사업을 진행하였다. 대상 지역은 대림상가에서 을지로5가 사거리까지, 약 560미터에 이르는 구간이다. 대상 구간으로 산업 특성에 따라 네 개 구간으로 나눈 후에 구역별로 3개씩 총 12개 조명 상점의 조명 경관을 개선하였다. 조명과 함께 간판과 셔터를 개선하여 예술적 거리 경관을 조성하였다. 영업이 끝나도 밤 12시까지는 조명을 켜 놓고, 셔터를 내리지 않도록 하여 화려한 도시 미관을 살려 내었다. 현재 중구청에서 운영하고 있는 '을지유람', 청년 예술가들이 진행하는 '달빛유람' 등의 골목 투어 프로그램과 '을지로 나이트웨이' 등의 조명 축제와 연계해 나아간다면 분명히 흥미로운 거리 문화가 만들어질 것이다. 이제는 을지로 조명 특화거리가 산업과 관광, 예술과 문화가 함께 어우러진 조명 문화거리로 을지로의 변화를 선도해 나가길 기대해 본다.

지리교사의 서울 도시 산책

철공 골목에서
조각 특화구역으로, 산림동

을지로3가역에서 을지로4가역 사이, 을지로 북쪽 지역은 공업사·전기사·철공소 등이 모여 있는 을지로의 산업 골목이다. 북으로는 청계천, 남으로는 을지로, 동으로는 창경궁로, 서로는 충무로를 경계로 하는 직사각형 모양의 지역이다. 그 한가운데를 세운대림상가와 세운청계상가가 가로지른다.

행정구역상 대부분 입정동과 산림동 안에 포함되는 지역이다. 유통 판매 업체가 주를 이루는 을지로 일대에서 유일하게 제조업체가 집중되어 있는 곳이다. 입정동은 조선 시대 갓을 제작하던 공방이 모여 있는 곳이었고, 산림동은 민간 촌락에서 일제 강점기를 거치면서 산업 지역으로 변모하게 된 곳이다. 입정동 일대는 일부 재개발과 주물 공장 이전으로 공업사 규모가 줄어 산림동 중심으로 공업사 골목이 형성되어 산림동 강철 골목, 혹은 산림동 공업사 골목으로 부른다.

산림동 강철 골목은 우리나라 산업화 초기인 1960년대 형성된 지역이다. 당시 수작업으로 금형을 일일이 만들어 제품을 찍어냈던 기계 산업의 산실이었다. 1970~1980년대 산업화가 더욱 진전되면서 골목은 최고의 절정기에 이른다. 고도로 숙련된 산업 역군들은 망치와 징을 이용해 1밀리미터의 오차도 발생하지 않는 제품을 만들어 냈다. '도면만 있으면 탱크도 만든다'라는 말이 있었을 정도로 이곳에서는 만들지 못하는 것이 없었다. 수십 년의 세월을 버텨 오면서 골목은 허름해졌지만 여전히 500여 개의 조각·금형·철공 업체가 남아 그 명성을 이어가고 있다. 이 골목과 수십 년의 세월을 함께해 온 철공 장인들은 여전히 '눌러 짠다'는 뜻의 일본어 '시보리'●, 녹로의 일본식 발음인 '로구로'●●, 광을 낸다는 버프(buff)의 일본어식 발음 '빠우(바후)' 등의 용어를 사용한다. 우리말을 사용하면 더 좋겠지만 시보리, 로구로, 빠우 등은 이곳의 한 장면일 뿐이다. 지금도 선발 밀링가공, 인쇄 기계, 조명 기구, 조형 기어, 모터, 상패, 행거, 금속명판, 글자 스카시, 과학 기자재 등 고객이 필요로 하는 것은 모두 다 만들어 낸다. 황동, 알루미늄, 마그네슘, 티타늄, 아연 등 과학 시간에나 들어 봤을 법한 비철 금속들 모두가 이곳에서는 일상의 재료가 된다. 이를 조각하고, 용접하고, 코팅해서 제품을 만든다.

먼저 세운상가를 기준으로 그 왼쪽, 을지로3가 일대는 을지로15길과 을지로17길 골목을 따라 공업사들이 집적되어 있다. 금속 공방인 을지공예와 메탈윅스, 맛집 노포인 조선옥과 우일집이 자리 잡고 있는 을지로15길

● 선반에 원형 금속판을 넣고 고속 회전을 시켜 제품을 만드는 일련의 과정을 일컫는다.
●● 선반 또는 물레라 부르는 것으로, 재료를 축에 붙인 후에 이를 회전시켜 제품을 만드는 방법을 일컫는다.

지리교사의 서울 도시 산책

을지로 조각 특화구역

    초입을 지나면 크고 작은 공업사들이 서로의 어깨를 기대며 함께 살아가는 강철 골목 풍경이 펼쳐진다. ○○금속·△△공업·□□조각·○○기계·△△정공·□□정밀 등 제각각 다른 간판들을 달고는 있지만 대부분 조각 금형을 업으로 하는 공업사들이다. 철을 가공하는 시끄러운 소리와 먼지가 날리는 골목 풍경이 낯설고 어색하다. 어둡고 좁은 골목들이 미로처럼 얽혀 있지만 공업사로 가득한 골목마다 이곳 노동자들과 세월을 함께한 다방, 여관, 대중목욕탕 등이 자리를 잡고 있는 풍경이 정겹기도 하다.

    을지로15길 옆, 을지로17길도 마찬가지다. 역시나 공업사가 자리 잡고 있는 단층 건물들은 모진 세월 속에 허름해진 지 오래다. 볼트·금속·금형 업체가 자리 잡고 있는 골목에는 수십여 개의 전기 관련 업체가 한데 모여 집적지를 이룬다. 규모가 제법 큰 고압변전 자재나 배전함, 외선 자재 등에서 쓰는 것들이다.

　세운상가 오른쪽, 을지로4가에도 공업사 골목이 형성되어 있다. 세운상가부터 시작해 창경궁로까지 약 200미터가량 이어지는 골목이다. 창경궁로와 그 사이로 이어진 창경궁로5가길·5나길·5다길 등 마치 모세혈관처럼 이어진 골목을 따라서 수백여 개의 공업사가 집적되어 있다. 세운상가 왼편과 함께 산림동 조각 금속 골목으로 불리는 곳이다. 담장은 세월에 기울어진 지 오래고, 회색 천막으로 감싼 지붕은 꽤나 낡아 보인다. 이렇게 오래되어 보이는 거리 풍경 덕분에 영화 '피에타'의 촬영 무대가 되기도 했다. 여전히 공장은 분주하게 돌아간다. 나이 오십은 훌쩍 넘어 보이는 철공인들이 그 주인공이다. 기름때로 얼룩지고 바랠 대로 바랜 작업복에서 고된 철공인의 삶이 여실히 느껴진다. 무거운 쇠판을 꽈배기처럼 꼬아 올린 쇠줄에 매달아 우직하게 끌어 올리며 노익장을 과시한다. 철근을 나르고 자르며 다듬는 철공인의 모습에서 장인의 숨결이 느껴진다. 앞으로 30년 이상은 거뜬히 을지로를 지켜낼 것만 같다.

　이제 산림동 골목은 산업화의 공간으로, 도심의 이색적인 골목으로, 철공 장인들의 삶의 현장으로 그 가치를 재조명받기 시작했다. 산림동 철공 골목이라는 명칭도 이제는 산림동 조각 특화구역으로 새롭게 바뀌었다. 빈 공업사가 생겨나고, 노령화가 뚜렷해지는 가운데 중구청에서는 '금속 조각'이라는 지역성을 살려 골목을 재생시키기 위해 움직였다. 먼저 빈 점포를 직접 임대한 후 젊은 예술가들에게 임대가의 90%로 제공하여 재임대해 주었다. 이로 인해 도예, 공예, 회화, 디자인 등 다방면의 분야에서 청년예술가 여덟 팀이 이곳에 정착할 수 있었다. 더 나아가 중구청은 이 팀들과 함께 '을지로 디자인예술프로젝트'를 추진하였다. 낙후된 골목에 젊음의 열정을 담은 작품들을 설치해 나가며 골목에 새로운 활력을 불어 넣었다. 어둡고 비좁은 골목, 그 비어 가는 공간을 파고드는 젊은 창작자들, 그들로 인한 작은 변화들이 반가우면서도 한편으로는 걱정이 된다. 철공인과 예술인이 함께 협력해 나가는 문래 예술창작촌과 닮아 가는 듯하지만 출발점이 너무나도 다르기 때문이다. 문래동은 젊은 예술가들의 자발적 유입이 많았던 반면 을지로는 그렇지 못했다. 그러다 보니 을지로는 젊은 예술가와 창업가를 유인하기 위한 물리적 환경 조성에 투입한 것만큼의 효과를 내지 못하고 있는 실정이다. 창업가들의 초기 정착을 도울 수는 있겠지만 이후 성장 동력은 스스로 만들어 가야 한다는 점을 간과해서는 안 된다. 정착한 예술가와 지속적인 협업 무대를 여는 것에도 한계가 있을 수밖에 없다. 지자체가 지속적으로 재정 부담을 떠안아야 하는 상황에 직면하기 때문이다. 어려운 일임에도 불구하고 지금 을지로는 변화의 초석을 다지기 시작하였다. 세운상가의 재생과 맞물려 시너지 효과를 줄 수 있을 것으로 보인다. 을지로에 새로운 꿈을 안고 들어온 젊은 예술가와 창업가의 새로운 실험들 하나하나가 비좁고 어두운 골목 안에서 뿌리내리며 희망의 새싹을 틔워 나가기를 간절히 바란다.

대한민국 인쇄 산업의 메카,
을지로·충무로 인쇄 골목

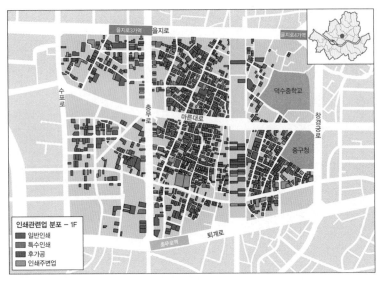

을지로·충무로 일대 인쇄관련업 분포(출처: 옴부즈맨뉴스, 2016. 6. 9.)

지리교사의 서울 도시 산책

을지로3가부터 시작해 충무로역 명보아트홀(옛 명보극장)에 이르는 공간은 우리나라 인쇄 산업의 메카인 '을지로·충무로 인쇄 골목'이다. 공간적으로 청계천 남쪽 을지로3·4가를 시작으로 하여 그 아래로 주교동, 인현동 1·2가, 오장동, 충무로4·5가, 남산 아랫동네 필동●1·2가에 이르는 범위다. 이곳에 약 5500개에 달하는 인쇄 업체가 집중되어 있는데 이는 서울시 인쇄 업체의 거의 절반에 해당하는 규모다. 남북으로 곧게 뻗은 충무로와 을지로20길(삼풍상가와 진양상가 길)을 제외하고 그 안쪽 골목은 불규칙적인 가로망과 건축 구조를 보인다. 재개발로 고층 빌딩 숲으로 변모한 을지로1·2가와는 달리 소규모의 낡은 건물들이 촘촘하게 서로를 맞대고 있다.

을지로3가 일대에서는 충무로를 중심으로 하여 도로 양쪽과 그 안쪽에 인쇄 골목이 형성되어 있다. 특히, 을지로3가역 10번 출구와 이어지는 을지로12·14길, 그리고 7번 출구와 이어지는 을지로16길에 집적되어 있다. 을지로3가 일대에 형성된 인쇄 골목은 그 아래 초동과 인현동1가 인쇄 골목으로 자연스레 이어진다. 을지로4가에서는 세운상가와 삼풍상가를 중심으로 하여 그 왼쪽으로는 을지로18·20길, 오른쪽으로는 을지로24길에 집적되어 있다. 또한 을지로35길을 따라서 인쇄 관련 원부자재 업체들이 집적된 방산시장에 이르기까지 인쇄 골목이 형성되어 있다. 을지로4가 일대 인쇄 골목은 그 아래 인현동2가 인쇄 골목으로 이어지고, 인현동2가 인쇄 골목은 다시 그 아래 충무로4가와 충무로5가 인쇄 골목으로 자연스레 이어진다.

을지로 일대에 인쇄 골목이 형성된 배경에는 크게 두 가지 이야기가 있

● 마을에 조선 시대 한성부 5부 중 하나인 남부의 부청이 있어 부동(部洞)이라 하였다. 이후 부동을 붓동으로 읽으면서 한자로 표기할 때 붓 '필(筆)'자로 표기한 데서 유래되었다(서울특별시 사편찬위원회, 2009).

다. 하나는 조선 시대 편찬과 인쇄를 담당했던 기관인 박문국(博文局)이 지금의 을지로2가에 자리 잡은 것이 그 시작이었다는 것이다. 당시 과거를 준비하는 유생들도 많이 찾았기에 목판과 금속 활자를 이용해 관련 서책을 찍는 업체들도 생겨났다.

충무로 인쇄 골목에 자리 잡은 인쇄사

이후 1884년 최초의 근대적 출판사인 광인사가 자리 잡은 이후 1890년대까지 여러 근대적 인쇄 업체가 을지로에 유입되면서 인쇄 골목이 형성되었다. 1905년 일본에서 도서와 인쇄기를 들여온 이용익은 보성사를 설립했고, 이에 영향을 받은 최남선은 도쿄에서 가장 큰 인쇄소였던 수영사에서 인쇄 기술을 습득한 후 인쇄기를 들여와 1908년 『소년(少年)』을 창간하였다.

다른 하나는 일제 강점기인 1910년대 을지로를 중심으로 최초의 상설 영화관인 경성고등연예관(1910년)●을 비롯해 경성극장(1916년), 중앙관(1922년) 등의 영화관이 개관하면서 그 주변에 자연스레 인쇄소가 자리를 잡게 되었다는 설이다. 당시 영화 홍보를 위해서 전단지가 필수적이었고, 다른 분야에서도 수요가 점차 확대되면서 인쇄 골목이 형성되었다는 것이다. 특히 '경성인쇄공업조합'의 설립 이후 일본인 인쇄 업체들이 밀집하면서 충무로 일대가 인쇄 중심지로 성장해 나갔다.

● 1910년 당시 황금정 63통 7호(현재의 을지로2가 KEB하나은행 본점 옆)에 자리 잡고 있었다. 1911년 8월경 황금정 일대 도로 확장으로 건물이 헐리면서 황금정 3번지로 장소를 옮겼다(한상언, 2010).

일제 강점기 당시 을지로 일대에 자리 잡은 인쇄소만 해도 100개가 넘었다. 해방 후부터 1960년대까지 충무로의 영화 산업이 급성장해 나가면서 을지로 일대는 국내 최대의 인쇄 중심지가 되었다. 1983년 을지로2가 북쪽인 장교동 일대가 재개발되면서 이곳에 자리 잡고 있던 500여 개의 인쇄 업체는 충무로 지역으로 이전하게 되었다. 1980년대 후반부터 광고·출판·홍보 관련 산업이 성장하면서 을지로와 충무로 일대의 인쇄 업체들은 호황을 누릴 수 있었다. 1990년대 들어서는 출판사가 1000여 개, 대형 인쇄소가 290여 개, 무등록 영세 인쇄소가 300여 개에 종사자만 2만여 명에 달했을 정도로 하나의 거대한 인쇄 공장이었다. 한창 바쁜 시기에는 24시간 기계 돌아가는 소리가 끊이지 않을 정도로 시끌벅적했다. 시끄러운 소리를 내는 기계가 '돈, 돈, 돈' 하며 돌아간다고 비유했을 정도였다. 한 장 찍어 낼 때마다 '5원, 5원, 5원' 하며 마진을 셀 정도로 인쇄 골목의 호황은 오랫동안 지속되었다. 인쇄물을 가득 실어 나르는 오토바이와 삼륜차도 쉴 없이 오고 갔었다.

하지만 디지털 시대로 들어선 2000년대 이후 을지로 일대 인쇄 골목은 점점 쇠퇴해 갔다. 기계가 경쾌한 소리를 내며 돌아가는 활력이 넘치던 거리 풍경에 점차 그늘이 지기 시작하였다. 장당 마진도 줄었고, 인쇄소도 하나둘 다른 업종으로 바뀌게 되었으며, 기계 돌아가는 소리도 작아져 갔다.

인쇄 골목,
그 힘을 잃어가다

전성기 때만 해도 국내 인쇄 물량의 약 70%를 처리했던 을지로·충무로 인쇄 골목, 관련 종사자 수만 2만여 명에 달했을 정도로 을지로에서 가장 잘나가던 산업이었다. 야간 작업이 끝나고 다음 날 아침이 되면 아파트 분양이나 상점 홍보 전단지, 달력, 명함 등으로 인쇄 공장 안은 빼곡해 발 디딜 틈이 없을 정도였다. 불과 십 수 년 전까지만 해도 전단지를 찍어내던 소리가 밤새도록 끊이지 않았던 인쇄 골목은 이제 고전을 면치 못하고 있다. 달력이나 다이어리 등 일명 '시즌물'로 불리는 제작 물량이 쏟아지던 연말 특수는 아득한 옛말이 되고 말았다. 을지로·충무로 일대의 인쇄 산업이 사양길에 접어든 것이다. 인쇄 주문량이 3분의 2 이상 줄었고 원자재 가격까지 상승하면서 적자를 면치 못하고 있다. 임대료를 감당하지 못해 '○○인쇄소'라는 상호만 남긴 채 문을 굳게 닫은 업체가 생겨났다. 인쇄업의 특성상 높은 지가를 감당하면서도 도심 지역에 위치했지만 이제는 파주, 고양

등으로 빠져나가고 있다. 일찍이 출판단지가 형성되어 파주로 빠져나간 인쇄 업체들 외에 최근 고양에 삼송테크노밸리가 들어서면서 350여 개의 인쇄소가 이전했다.

일감이 많지 않다 보니 남아 있는 업체들도 저녁이 되면 일찍 문을 닫는다. 밤에 급하게 인쇄물을 요청하는 일조차 줄어들었다. 인쇄 기계가 돌아가는 소리와 인쇄물을 싣고 나르는 오토바이 소리도 가끔씩 들릴 뿐이다. 게다가 몇 년 전부터 인쇄 골목 재개발 계획이 수립되면서 인쇄 골목이 사라지게 될 것이라는 이야기도 들리고 있다.

초기 다른 산업에 비해 자동화가 늦어진 탓에 소규모의 노동 집약적 산업이었던 인쇄업이 이제는 자동화와 대형화 시스템으로 변화하면서 영세 업체들은 더 큰 시련을 겪고 있다. 자동화 시스템을 가진 일부 업체들이 성장하면서 저가 공세를 펼치고 있기 때문이다. 특히 일종의 공동 구매 방식으로 대량 생산을 하는 합판 업체는 영세 업체 중에서도 가장 큰 시련이었다. 대형 인쇄기를 갖추고 사전에 설정해 놓은 물량의 목표가 채워질 시점까지 인터넷 등 온라인으로 주문을 받는 생산 시스템에 영세 업체의 가격 경쟁력은 뒤쳐질 수밖에 없었다. 문제는 온라인 방식의 구매가 아니라, 소비자가 이곳을 직접 방문해서 구매하려는 경우에도 미리 인터넷으로 가격을 검색해 보고 찾아오므로 단가를 맞추기가 힘들다는 것이다. 새로운 방식이나 신상품을 만드는 등의 자구책을 찾기 위해 나름대로 노력하고는 있지만 영세한데다가 경기조차 좋지 않아 현실은 녹록치 않다.

인쇄소가 떠난 빈자리는 소규모 카페와 액세서리·패션 상점 등의 차지가 되었다. 특히 충무로 일대는 명동 옆 동네라는 특수성 때문인지 금세 새로운 상권이 형성되어 가고 있는 모습이다. 인쇄 골목이 언제 사라질지 모

서울특별시 을지로·
충무로 인쇄특구

를 일인데도 변화는 아이러니하게 방문객을 끌어들이고 있다. 누군가에게
는 반가운 소식일지는 모르지만 이러한 변화가 달갑지만은 않다. 젠트리
피케이션으로 정의할 수는 없지만 인쇄 골목의 주인공이 점점 사라져 가는
모습에 애석하기만 하다.

　인쇄 골목의 변화를 막기 위해 서울시에서도 여러 차례 논의가 진행되었
다. 그 첫 시작은 2017년 서울시 도시계획위원회에서 가결한 「중구 인쇄특
정개발진흥지구 결정(안)」이었다. 을지로·충무로 일대의 인쇄 사업을 활
성화시키기 위해 약 3000개의 인쇄 업체가 집중된 충무로3·4·5가, 을지로
3·4가, 인현동 1·2가, 오장동 등으로 이루어진 30만 3000제곱미터의 구역
내 인쇄 및 인쇄 관련 산업, 전문 디자인업 등을 포함하여 23개를 권장 업
종으로 지정하였다. 이후 인쇄산업진흥계획을 세워 다방면에서 지원을 아
끼지 않고 있다. 기업지원시설인 앵커시설을 설치하여 인쇄 산업을 지원해
나가면서 인쇄업의 자생력을 키워나가고 있다.

　이러한 노력 때문인지 오랫동안 침체의 늪에만 빠져 있던 인쇄 골목이
최근 조금씩 변화의 움직임을 보이고 있다. 특히 젊은 기획자와 디자이너

　　　　　　　　　지리교사의 서울 도시 산책

● 네 가지 색을 조합하여 인쇄하는 평판 인쇄법의 하나로 신속하게 대량 인쇄하는 경우에 사용하는 인쇄 방식이다.

들이 유입되면서 인쇄 골목에 활기를 불어넣고 있다. 아날로그의 감성과 디지털의 감성이 만나고, 대량에서 소량 인쇄로 변화가 시작된 것이다. 옵셋 인쇄(offset printing)●로 바뀌면서 자취를 감췄던 '레터프레스(동판에 잉크를 발라 눌러서 찍는 기법)'가 다시 출현하게 되었고, 물방울 인쇄와 같은 특수 인쇄 기법의 활용으로 인쇄에 감수성을 담게 되었다. 온라인 몰을 구축해 새로운 판로를 확대해 나가면서 자생력도 커져 가고 있다. 이와 같은 작은 변화들로 인해 침체의 기로에 섰던 을지로·충무로 인쇄 산업이 도시의 새로운 성장 동력이 되고 있다. 이제는 더 나아가 을지로·충무로 인쇄 골목이 산업화의 공간에서 우리 역사와 문화를 전승하고 계승하는 역사·문화의 공간으로서 그 가치를 재조명 받기를 바란다. 인쇄업이 사양 산업이 아닌 창조 산업으로서 을지로·충무로라는 공간에 다양성의 싹을 내리는 창조적 원천이 되길 기대해 본다.

한국 영화의 산실, 충무로

충무공 이순신 장군 생가가 있었다고 해서 이름 붙여진 충무로, 이곳에 왜 영화인들이 모이게 되었는지 정확한 이유는 알려진 바 없다. 단지 일제 강점기 문화의 중심인 명동 근처에 춘사 나운규 감독과 함께 몇몇 영화인들이 충무로에 영화 제작사를 차리면서부터 짐작할 뿐이다. 충무로 일대는 당시 번화가였던 명동과 종로와 가까우면서도 상대적으로 임대료가 저렴했던 곳이었다. 본격적으로는 국산 영화의 개화기가 시작된 1955년 이후부터로 본다. 당시 '춘향전'이 수도극장(이후 스카라극장,

영화의 산실, 충무로 영화 거리

폐관)에서 흥행에 성공하면서 대형 극장들을 중심으로 영화 제작사, 수입사, 배급사, 녹음실, 편집실 등이 충무로에 집적하였기 때문이다. 예전 극동극장 뒷골목에는 영화 홍보물을 제작하던 인쇄소와 사진관 등도 함께 자리 잡았다.

1960년대부터 1970년대까지는 한국 영화가 급성장하던 시기였다. 당시에는 영화를 의무적으로 제작해야 하는 영화법 때문에 연간 100~200편의 한국 영화가 제작되었다. 그러다 보니 영화 관련 산업들도 지속적으로 함께 성장하며 충무로 입지는 더욱 공고해졌다. 당시 충무로3가 주변 골목에 자리 잡았던 스타다방과 청맥다방은 영화감독과 배우들이 모여 시나리오 등 영화와 관련된 이야기를 나누는 장소였다. 이외에도 식당, 미용실, 의상실까지도 이곳 골목에 하나둘 모여들었다. 충무로3가 현재 아시아미디어센터가 있던 곳에는 1930년에 문을 연 스카라극장이, 그 반대편으로는 명보극장이 자리 잡고 있었다. 2005년 스카라극장을 문화유산으로 등록할 계획이 알려지자 건물주는 이를 재빨리 재건축해 버렸다. 충무로2가 부근에 중앙극장(폐관), 충무로4가 부근인 퇴계로에 대한극장, 을지로4가에 국도극장(폐관, 현 국도호텔), 을지로2가에 을지극장(폐관), 그리고 걸어서 가기에 무리가 없는 종로3가 단성사, 피카디리극장(현 CGV피카디리1958), 서울극장, 종로2가에 허리우드극장(현 실버영화관), 세종로에 아카데미극장(폐관, 현 코리아나호텔), 국제극장(폐관, 현 동화면세점) 등이 있었다.

그러나 1980년대 들어서면서 충무로는 미국 영화를 수입하는 직배사들로 인해 조금씩 기능을 잃게 되었고 1980년대 후반에는 강남에 규모가 큰 영화관들이 하나둘 들어서기 시작했다. 이 당시만 해도 국내외 개봉 영화의 첫 무대는 항상 충무로였다. 1990년대 후반에 들어서면서 충무로의 집적으로 인한 영화사의 이익이 없어지면서 다른 지역으로 이전하거나 문을 닫는 등 침체의 기로에 서게 되었다. 이후로 지금까지 충무로의 옛 명성을 살리기 위해 중구청과 충무로 영화인을 중심으로 다각적인 노력이 이루어졌다. 먼저 2004년 영화의 거리를 조성하였고, 이후로 매년 영화의 거리 일대에서 국내 영화 전시회 및 공연을 진행하였다. 2007년부터 매년 9월 전 세계의 최신작과 화제작을 상영하는 '서울충무로국제영화제'를, 2016년부터는 매년 7월 뮤지컬 전문극장인 충무아트센터를 중심으로 충무로 뮤지컬 영화제를 개최해 오고 있다. 뉴욕의 필름 포럼(Film Forum)이나 파리의 프랑세즈(Francaise) 등과 같은 극장·아카이브·미디어센터를 갖춘 시네마테크도 조성할 예정이다. 다만 이와 같은 노력에도 불구하고 충무로가 아직까지 존폐의 기로에서 헤어나지 못하고 있어 아쉽다. 최초의 한국 영화는 1919년 단성사에서 상영된 '의리적 구토(義理的仇討)'였다. 2019년은 한국 영화의 탄생 100주년이 되는 해이니만큼, 한국 영화의 산실 충무로가 다시금 영화 창작의 무대로 재도약해 나가기를 기대해 본다.

서울극장

단성사

을지로를 가로지르는
세운상가

을지로3가역과 4가역 사이, 조명 거리 한가운데를 긴 건물 하나가 가로지른다. 바로 국내 주상복합아파트의 효시로 불리는 세운상가다. 총 8개의 상가 건물 중 을지로 일대에만 3개나 자리하고 있다. 특히 을지로 조명 거리에서부터 청계천 앞 세운교까지 이어지는 약 200미터의 공간에는 산림동 조각금속 특화거리와 함께 변화해 온 세운대림상가와 세운청계상가가 자리 잡고 있다.

조명거리 앞에 위치한 세운대림상가에는 주로 가전제품, 냉난방기 등 전자 제품을 판매하는 상점들이 자리 잡고 있다. 중고 전자 제품이 쌓여 있는 상점 복도는 인기척조차 들리지 않는다. 어두운 분위기가 을지로 철공 골목과 흡사하다. 사실 이곳은 1980~1990년대까지만 해도 영등포 유통전자상가와 함께 국내 아케이드 오락실의 산실이었다. 1990년대 후반 온라인 게임이 활성화되면서 오프라인 시장인 오락실 산업은 점차 쇠락의 길에 접

세운대림상가   1층의 자동차 통로와 주차장

▲ 오락기 점포가 집적되어 있는 2층
▼ 오디오, 노래방 관련 점포가 집적되어 있는 3층

지리교사의 서울 도시 산책

어들었다. 2006년 '바다이야기' 사태가 벌어졌고 사행성 오락기에 대한 집중 단속이 진행되면서 매출은 곤두박질치게 되었다. 스마트폰 게임이 등장하면서부터는 오락기 판매 업체가 절반 이상 줄어들었고 이후 침체의 늪에서 빠져나오지 못하고 있는 상황이다. 33제곱미터(10평) 남짓한 상가 월 임대료가 10만 원 정도로 매우 저렴한 상황에서도 더 이상 버티기 힘든 모양새다. 그나마 최근 들어 매출이 조금씩 회복세로 돌아섰다. 오락기를 오락 자체만이 아닌 수집, 또는 인테리어 등을 목적으로 구입하는 일명 '오락기 세대'의 신 풍속도가 한몫하고 있는 것이다.

상가 3층에는 오디오와 노래방 기기를 판매하는 상점이 집적되어 있다. 여기서는 한때 우리나라 중산층의 거실 한가운데를 차지했던 가격 꽤나 나갔던 제품들을 만날 수 있다. 오디오 기기들이 쌓여 있는 복도는 비좁지만 각기 다른 오디오와 스피커를 진열해 놓은 것이 볼거리가 되어 그나마 다행인 듯싶다. 아날로그적 감성을 담은 레코드가 다시 부활의 신호탄을 쏘아 올린 것처럼 조만간 오디오도 색다른 방식으로 우리에게 다시 다가오지 않을까 기대해 본다. 예전만은 못하지만 세운대림상가에서 그나마 매출이 큰 품목이 노래방 기기다. 코인 노래방이 출현하고, 가정용 노래방 기기들이 보급되는 등 새로운 형태의 노래방 사업의 범주가 확대되면서 꾸준히 판매가 이루어지고 있다.

오디오와 노래방 기기가 진열된 3층 복도 끝으로 나가면 자연스럽게 그 밖에 있는 보행로와 이어진다. 건물 좌우에 조성된 긴 보행로를 따라서 그 옆으로 수십여 개의 상점들이 자리 잡고 있다. 실리콘·바킹(패킹packing의 북한어)·조명·전자 등 주로 건축·전기 자재 상점들이다. 최근 재생 사업으로 건물 좌우에 약 500미터의 보행 데크가 조성되어 있음에도 낡은 외

3층 보행자로 전경

벽과 지저분한 간판, 그 위에 덕지덕지 붙은 에어컨 실외기 등 때문에 여전히 거리는 어수선해 보인다.

지리교사의 서울 도시 산책

소개공지대에서
세운상가로

제2차 세계대전이 막바지로 치닫던 1945년 5월 서울, 일본은 공습으로 인한 화재가 도시 내로 번지는 것을 막기 위해 소개공지대(疏開空地帶)를 조성하였다. 당시 2개월 전인 3월 10일, 도쿄가 미국 폭격기의 소이탄 투하로 불바다가 된 경험 때문이었다. 도시 공간을 화재로부터 막아야 한다는 이유로 4월 '소개실시요강'을 공포한 뒤 며칠 후 경성,● 부산, 평양에 소개공지대를 고시하였다. 이후 서울의 소개공지는 더욱 많아지고, 전국 주요 중소도시에서 소개공지를 고지하였다. 지역마다 그 규모가 달랐다. 서울의

● 종묘 앞-필동 간(현 세운상가 지대, 너비 50미터, 길이 1180미터, 종로구 원남동-동대문-광희문(현 율곡로 및 흥인문로 각 일부, 너비 50미터, 길이 약600미터), 서울역-회현동(현 서울역-신세계 앞, 퇴계로의 일부, 너비 40미터, 길이 1,080미터), 필동-신당동(현 퇴계로의 일부, 너비 40미터,길이 1680미터), 서울역-갈월동(현 서울서부역-갈월동, 현 청과로, 너비 30미터, 길이 약 800미터), 서울역-충정로(현 의주로 일부, 너비 30미터, 길이 약 600미터)(이두호·안창모, 2011)

1차 소개공지 조성 지역은 종묘 앞에서 중구 필동까지를 연결하는 가로 50미터, 세로 1180미터의 규모에 달하는 부지였다. 당시 지정된 소개공지와 소개공지대의 대상지는 70~80%가 일본인들 소유(손정목, 1997)였기에 별다른 저항 없이 철거 작업이 진행되었다. 80% 정도 사업이 진행되었다가 제2차 세계대전이 종식되면서 중단되었다.

해방 이후 공터로 남아 있던 소개공지대는 한국 전쟁 이후 피난민과 월남한 이들의 정착촌이 되었다. 이미 대규모 판자촌이 들어섰던 청계천처럼 규모가 제법 큰 판자촌이 형성된 것이다. 피난민들은 넝마주이, 지게꾼, 고물상, 노점상 등을 하며 생계를 꾸려나갔다. 1958년부터 청계천이 단계적으로 복개되면서 노점상, 공구상, 공업사 등이 생겼다.

그 안쪽 골목은 가정집들로 이루어져 있었다. 종로 쪽으로 형성된 사창가는 1968년 소위 '나비작전'[*]이라는 이름으로 소탕되기 전까지 '종삼(鐘三)'[**]으로 불렸다. 결국 해방 후 판자촌이 난립한 도심의 슬럼화는 서울의 당면 과제가 되었다. 종로와 퇴계로의 동서축으로 편중되었던 도시 구조는 한계가 있었고, 남북축으로의 연계가 필수적인 상황이었다. 종묘 앞에서 필동 간 이어진 소개공지대는 이 문제를 해결할 대안이 되었다. 결국 이를 활용하기 위한 여러 가지 제안들이 소개되었다.

제안은 크게 중구청에서 계획한 '대한극장 앞~청계천4가 간 계획도

[*] 나비란 여성의 몸을 돈을 주고 사는 남성들을 의미한다. 성매매 여성에 대한 어떠한 조치는 사실상 그 효과가 거의 전무했기 때문에 나비를 잡는 방식으로 성매매를 근절시킨다는 조치였다 (홍성철, 2007).
[**] 종로거리의 북쪽인 낙원동과 그 주변 지역 한옥지대의 사창가는 고급이었던 반면 종로거리 건너 그 남쪽은 한국전쟁 때 파괴된 지역에 들어선 무허가 건축 지역으로 하급이었다(손정목, 1997).

로 정비방안', 건설부 고문으로 와 있던 미국 도시계획가 오스왈드 네글러(Oswald Negler)의 계획안, 한국종합기술개발공사에서 제안한 '종묘-남산 간 재개발계획: 종묘-남산3가-4가지구', 그리고 현재 세운상가 계획이 있었다(윤승중, 1994) 결국 세운상가 준공 계획이 수립되면서 자진 철거한 주민들은 아파트 우선 입주에 대한 특혜를 얻었고, 철거하지 않는 주민들은 상계동으로 강제 이주되었다(손정목, 1997).

1966년 서울시장으로 부임한 김현옥 시장은 세운상가 첫 사업이었던 아세아번영회(아시아전자상가) 기공식에 참여하여 '세계의 기운이 이곳으로 모이라'는 의미의 '세운(世運)'이라는 이름을 붙였다. 세운상가는 지금은 철거된 현대상가를 비롯해 세운상가 가동, 청계상가, 대림상가, 삼풍상가, 풍전호텔, 신성상가, 진양상가 등 8개의 건축물을 통칭해 부르는 이름이다. 우리나라 최초의 주상복합건물로 종로에서 시작해 을지로를 지나 퇴계로까지 이어지는 거대한 건물군이다.

설계는 우리나라 현대 건축사에 새로운 획을 그은 건축가 김수근이었다. 초기 설계에서 지상 1층은 자동차 통행로와 주차장을 만들고 3층에는 보행자를 위한 인공 데크를 설치하여 자동차와 보행자를 철저히 분리하였다. 위로는 인공 대지를 설치하고 공중정원을 배치하였으며, 인공 대지 위 아파트 공간은 햇빛과 바람을 끌어들이기 위해 중앙정원을 두고, 건물의 위압감을 줄이기 위해 한 층씩 올라가면서 후퇴하는 혁신적인 형상이 계획이었다(윤승중, 1994). 세운상가 프로젝트는 '인간을 위한 건축'으로 유명한 건축가 르코르뷔지에(Le Corbusier)의 건축 방식이 적용되었다. 20세기 초 '사람이 사는 집'에서 '더 많은 사람이 더 효율적인 공간에서 함께 살 수 있는 집'으로 도시 계획이 바뀌는 데 앞장 선 인물이 바로 르코르뷔지에였다.

1960년대 근대화의 상징, 세운상가(출처: 서울특별시 도심재정비1담당관, 2009)

세운상가   삼풍상가

필로티, 옥상정원, 자유로운 입면(파사드)과 평면, 가로로 긴 수평창이라는 현대 건축의 5원칙을 받아들인 것이다. 하지만 민간 건설사가 참여한 사업이기에 그의 혁신적인 설계가 모두 반영되지는 못했다. 일단 지상 1층과 3층으로 자동차와 보행자를 분리했을 뿐이고, 상가 위 아파트는 층별 후퇴 없이 수직으로 지어졌다. 후에 김수근이 세운상가에 큰 애정을 갖지 못한 까닭을 짐작해 볼 수 있다.

우여곡절 끝에 1968년 연면적 20만 6025제곱미터, 864세대에 달하는 세

지리교사의 서울 도시 산책

운상가가 완공되었다. 현대상가(13층), 세운상가가동(8층), 청계상가(8층), 대림상가(12층), 삼풍(14층), 풍전호텔(10층), 신성상가(10층), 진양상가(17층)의 주상복합타운이었다. 준공 후 서울의 고급아파트로 정치인과 영화배우들에게 큰 인기를 얻었다. 세운상가는 1층으로 화물차량의 진입이 용이해 다양한 물품을 판매하는 소매상으로부터 인기를 얻었다.

바둑 천재 조치훈의 바둑살롱이 약 304제곱미터(약 92평) 규모로 개점했고, 서양의 스포츠로만 인식되었던 실내골프장이 신성상가와 삼풍상가에, 국내 최대 볼링장은 진양상가4층에 있었다. 그 외에도 은행, 목욕탕, 다방, 미용실, 호텔, 심지어는 공존할 수 없을 것처럼 보이는 교회와 신학교까지도 들어섰다. 1735개의 점포에 726가구가 거주했던 초호화관 건축물로 그야말로 서울의 축소판이었다. 현대건설 정주영 회장의 형제를 비롯해 유명 연예인과 정치인, 재력가들이 모여 살았다.

삼성, LG와 같은 대기업보다도 먼저 조립형 PC를 제작하고 판매했던 첨단산업의 메카였다. 또한 당시 세운상가가 완공되면서 이곳에 국회의원회관이 마련되었고, 의원 사무실 배정을 두고 사무처가 부심을 거듭해야만 했던 일은 흥미로운 장면이다. '빌딩이라는 것은 위층일수록 좋은 법'이라면서 서로 10층을 차지하겠다고 벼르는 상황이 발생했고, 이를 두고 '고지점령전'이라고 묘사할 정도였다(경향신문, 1968). 영화 '도둑들'에서 마카오박과 웨이 홍 일당이 와이어 추격전을 벌인 진양상가아파트에는 중정 구조였는데 1990년대 한 어린이가 추락사한 이후 미음(ㅁ) 자의 중정 구조를 다시 메웠다고 전해진다(동아일보, 2017).

우리나라 주상복합아파트의 효시로 당시 세대들에게는 별천지나 다름없던 곳이었다. 당시 도심 내 상가아파트는 협소한 유휴지에 지어졌기 때문

선형의 상가아파트의 전형을 보여 주는 서소문아파트

에 한 동으로 구성된 경우가 많았고, 기존 필지 형태가 반영되다 보니 비정
형적인 특징을 보였다. 동대문아파트와 서소문아파트, 유진아파트 등은 선
형의 입면을, 낙원상가와 세운상가 등은 볼록형의 입면을 보였다. 볼록형
인 세운상가의 경우 도로 기능을 유지하기 위해 1층에 필로티를 두고, 여러
개의 계단 출입구를 두어 상가로의 접근성을 높였다. 주거동의 한가운데
중정은 채광과 환기, 그리고 마당의 역할을 담당했다. 그리고 옥상층은 정
원, 마당, 옥탑층으로 활용하였다. 이는 선형에 비해 블록형의 공공 공간 환
경이 양호했음을 보여 준다(강승현·심우갑, 2009).

　1970년대 전자제품이 대중화되어 가면서 청계천 이북의 현대상가와 세
운상가 가동 및 그 주변 지역은 인파로 북적였던 반면, 상가아파트는 강남
개발로 인해 인기가 시들해졌다. 주변과 어울리지 않은 위압감과 설계 변
경 등으로 엉망이 된 동선 때문에 흉물로 평가받기 시작했다. 이에 1976년
서울특별시는 "주상복합 용도의 건축물을 더 이상 허가하지 않겠다"는 방
침을 밝히기에 이른다. 1980년대 들어와서는 용산전자상가(1987년)가 조

성되면서 상가의 슬럼화가 진행되었다. 결국 2000년대 세운상가의 기능은 점차 상실되고, 주거 기능도 퇴색되면서 재정비 논의가 진행되었다. 2006년 슬럼화된 거리를 재정비해 남북을 잇는 녹지축을 만들겠다는 세운재정비촉진사업이 시작되었다. 2008년 세운상가 녹지축 1단계 조성 사업이 시작되었고, 2009년 처음으로 현대상가가 철거되었다.

재생으로 새로 입은
세운상가

1979년 이후 세운상가 재정비에 대한 움직임이 일기 시작했다. 재건축과 공원화 논쟁으로 시간은 계속 흘렀고, 1995년이 되어서야 서울시에서 공원화 계획이 수립되었다. 하지만 재개발 보상 갈등으로 지지부진하게 되었고, 2006년 세운재정비촉진지구 지정고시가 발표되어서야 본격적으로 재정비가 시작되었다. 당시 서울시에서는 종묘에서 남산까지 폭 90미터, 길이 약 1킬로미터의 공원을 조성하고, 그 주변에 초고층 빌딩을 건설해 특화 공간을 조성하고자 계획하였다. 2008년 첫 사업으로 1000억 원을 들여 현대상가를 철거하였고, 이곳에 '세운초록띠공원'을 조성하였다. 하지만 글로벌 금융위기를 겪으면서 나머지 철거 계획이 무산되었다. 그러나 2014년 세운상가군이 존치관리구역으로 지정되면서 사업 실현성을 높이고 동시에 서울의 역사성을 살릴 방안이 마련되었다. 더불어 주변 지역을 171구역의 소·중 규모로 분할하여 재정비를 촉진하겠다는 계획이 추진되었다.

'다시 세운 프로젝트'로 만들어진 보행데크이자, 보행교

2016년 서울시는 세운상가 재생과 제조 산업 활성화 계획을 담은 '다시 세운 프로젝트'를 발표하였다. 세운상가와 주변 지역의 제조 산업을 중심으로 직접 신제품을 제작하고 생산하며 판매하는 시스템을 갖추는 데 목적을 두었다. 더불어 4차 산업과 주거와 문화가 하나로 접목되는 '메이커시티(Maker City)'로의 변화를 추구해 나가며 보행, 산업, 공동체의 3개 분야에서 재생이 진행되었다.

1단계는 종로에서 세운상가를 지나 청계·대림상가까지, 2단계는 삼풍상가에서 풍전호텔을 지나 진양상가까지 진행되었다. 기존 세운상가의 산업 기반 시설을 활용하여 제조업 기반의 4차 산업 거점 공간으로 탈바꿈시키고, 도로로 단절된 각각의 상가들을 공중 보행교로 연결하고자 하는 계획이었다. 2017년 세운초록띠공원은 복합 문화 공간인 '다시 세운 공장'으로 변화되었고, 세운상가와 청계대림상가의 공중 보행 데크도 완공되었다.

메이커 창업 기관을 지원하기 위해 서울시립대 시티캠퍼스, 서울시 사회적경제지원센터, 씨즈, 팹랩서울 등 4대 전략 기관도 함께 문을 열었다. 아세아상가 3층과 세운상가 지하실 등의 재생 공간에 마련된 서울시립대 시티캠퍼스는 도시공학과 건축학부 등이 들어와 실무 위주의 현장 교육을 진행하고 있다. 더불어 지역 상인과 입주 기업, 일반 시민 등을 대상으로 창업 및 재생, 교양 교육 프로그램도 운영하고 있다. 아세아상가 3층에 있는 서울시 사회적경제지원센터에서는 사회적경제 기업의 비즈니스를 돕고, 시제품 제작 프로그램을 운영하고, 지역 장인과 메이커, 기업 간의 기술 협업도 지원하고 있다. 싸즈에서도 청년 스타트업을 대상으로 장비 교육, 시제품 제작, 기술 혁신 등을 돕고 있다. 세운상가 지하실 공간을 리모델링해 자리 잡은 팹랩서울은 제조업 분야 예비 창업자를 대상으로 3D 프린터를 활용한 디지털 제작 교육과 공방 프로그램을 운영한다.

새롭게 만들어진 보행 데크 옆으로는 '세운 메이커스 큐브'라는 이름으로 29개의 창업 공간이 조성되었다. 드론개발실, Fab장비개발실, 실험게임개발실, 키트개발실, IoT UX 디자인실, 스마트모빌리티개발실, 스마트의료기기개발실, 메이킹교육실험실, 기술장인공작 등 청년스타트업 입주 및 디바이스 개발을 위한 21개의 제작·창작 시설과 세운전자박물관, 테크스토어, 테크북카페 등 시민메이커를 위한 8개의 전시·체험 공간도 조성되었다.

2017년 이들 공간에는 공모를 통해 선정된 기업들이 입주를 시작했다. 큰 수익은 없지만 장애인들을 위해 저렴한 전자식 의수를 만드는 기업인 만드로주식회사, 지능형 반려로봇을 제작하는 서큘러스, 금속 3D프린터 스타트업인 5000도씨 등 17개 기업이 첫 둥지를 틀었다. 참신한 아이디어로 승부하는 젊은 창업자들로 입주 기업 간 네트워크를 통해 상호 협력을 도모하게 된다. 더불어 기존 점포에 입주한 장인들과 협업을 통해 새로운 프로젝트를 선보이면서 상생과 협력의 방향을 제시해 나가고 있다.

2015년 다시 세운 프로젝트와 함께 세운상가 거버넌스 운영팀 '세운공공'도 자리를 잡게 되었다. 이들은 세운상가 내 수리 장인들을 모아 추억과 사연이 깃든 전자제품을 고쳐 주는 '수리수리얍' 프로그램을 진행하였다.

세운메이커스 큐브와 큐브에 입주한 창업기업

세운공공은 프로그램을 진행하면서 협업을 통해 세운상가의 가치와 가능성을 재발견하게 되었다. 그 결과로 2017년 진공관, 트랜지스터 등 수리 장인들 10여 명이 모인 수리수리협동조합이 설립될 수 있었다. 사연 가득한 빈티지 제품을 수리해 주고, 필요한 제품을 직접 만들어 주는 등 다채로운 활동을 전개해 나가면 성공적인 정착 모델이 되었다.

또한 대림상가 내 비어 있던 점포 5곳은 청년 가게들이 새롭게 둥지를 틀었다. 모던한 인테리어가 돋보이는 커피숍 호랑이, 외관이 돋보이는 제과점 돌체브라노, 옛 향수를 그릴 수 있는 경양식 식당 그린다방, 제과 전문점인 런던케이크, 디자이너 몇몇이 모여 운영하는 소품 판매점 숨끼가 그것이다. 중구청에서는 청년 가게들이 정착할 수 있도록 2년간 임대료 전액을 지원하였다. 그뿐만 아니라 점포 인테리어를 비롯해 창업을 컨설팅하고, 상품 마케팅을 도와주며 이들이 대림상가에 새로운 활력을 불어 넣을 수 있도록 지원을 아끼지 않고 있다.

세운상가 북쪽에 위치한 세운·청계·대림상가를 제조업 창업기지로 조성하는 다시·세운프로젝트 1단계 사업이 완료된 후 2018년부터는 세운상가 남쪽 삼풍상가, 호텔PJ, 인현상가, 진양상가를 창작 인쇄 산업의 중심지로 조성하는 2단계 사업이 진행되고 있다. 우선 '인쇄 스마트 앵커'를 새로 지어 인쇄 거점을 조성하게 된다. 인쇄 관련 기술 연구·교육 기관과 전시·판매 시설, 공동장비실 등이 입주하고, 청년들의 창업과 주거 생활을 도울 청년사회주택도 400호가 함께 입주한다. 세운상가에는 인쇄 관련 스타트업 입주 공간인 '창작큐브'가, 진양상가에는 독립출판의 작가와 인쇄 업체가 협력해 책을 제작하고, 독자들이 이를 구입할 수 있는 공간이, 인현상가 지하에는 인쇄기술학교, 인쇄 박물관, 인쇄 공방 등이 함께 조성된다.

이와 같은 변화는 전면 재개발에서 재생으로 도시 개발의 방향성을 전환했던 덕분에 가능한 일이었다. 재개발로 인해 사라질 뻔했던 세운상가의 기반 산업과 점포가 쇠퇴의 기로에서도 새로운 활력을 모색할 수 있게 되었고, 상가의 빈자리는 젊은 창업가와 예술가들의 창작의 실험 무대로 활용될 수 있었다. 신구의 협력 속에서 창의적 아이디어가 발산되며 지금 세운상가는 '메이커시티'로 발돋움해 나가고 있다.

그러나 안타깝게도 최근 재생 사업의 방향이 처음과는 다르게 진행되고 있는 모습이다. 세운상가는 산업 재생 방식을 유지하면서 기존의 틀을 지켜나가고 있는 데 반해 그 주변 을지로 일대에서는 전면 재개발 사업이 진행

카페 호랑이와 제과점 돌체브라노

지리교사의 서울 도시 산책

되면서 제조업 집적지가 주거지로 변하고 있기 때문이다. 이미 주상 복합 아파트를 허용했을 뿐만 아니라, 주거지를 확대해 나가고 있는 모양새다. 하나의 산업 생태계에 있는 세운상가와 을지로가 서로 다른 모습을 그리게 되면서 유기적으로 연결되었던 제조업 네트워크 공정이 위협받고 있다.

메이커시티 프로젝트 공동창업자인 피터 허시버그(Peter Hirshberg)가 주장했던 것처럼 도시는 지금 '소비하는 도시에서 생산하는 도시로' 그 패러다임이 변화하고 있다. 일찍부터 세계의 주요 도시들은 도심 제조업의 가치를 인정하고 이를 보호하기 위해 산업 지구(Industrial Business Zones)를 설정했다. 도심 내 제조업이 일자리를 창출하고, 산업별 균형을 유지하여 경제를 혁신하는 원동력이 되기 때문이다. 을지로에도 더욱 강력한 규제가 필요한 시점이다. 세운상가가 단기적 성과를 과시하기 위한 수단이 아닌 장기적 안목에서 창조적인 도시의 미래를 설계하는 메이커들의 무대가 되었으면 하는 바람을 담아 본다.

Tip

세운상가의 장인들

세운상가 851호, 47년 동안 진공관을 수리해 온 오디오 장인의 작업실이다. 작업실에는 스피커 제작에 필요한 부품들이 가득하다. 작업실 벽면에 진공관 앰프, 상수도 누수 탐사, 스크린골프, 협소 공간 탐사로봇 등과 관련된 특허증이 줄지어 붙어 있다. 그가 등록한 특허만 해도 20여 가지에 달한다. 1978년 우리나라 최초 미사일 발사 실험에 참여했고 원자력 연구소에서도 일했었다. 그가 사용하는 전자회로의 설계도는 아직까지 MS도스 6.2버전이고, PCAD도 1995년 구입한 것이다. 오디오 테스터기는 30년 전 것이다. 장인은 설계부터 디자인까지 모두를 혼자 만들어 낸다. 자작나무 합판 19장을 쌓아 만든 스피커, 70와트 출력의 프리앰프와 파워앰프 세트, 작은 가정용 앰프 등, 직접 만든 것들이 작업 공간 한 쪽에 자리하고 있다.

비디오 아티스트 백남준의 작품 활동에 참가했던 수리 장인도 세운상가에 있다. 전축과 텔레비전 수리 장인인 그는 백남준과 만나 인생의 후반기를 그와 함께했었다. 백남준이 아이디어를 내면 그가 관련된 부품들을 모두 조달했다. 백남준과 세계 각국을 돌아다녔으며 필요할 때마다 세운상가에서 모든 것을 해결했다. 지금도 세운상가에서 수리 일을 하며, 도움을 필요로 하는 예술가들의 작품 활동을 돕고 있다.

지하에 답이 있다,
을지로 지하상가

도시, 그 해법은 어디에 있을까? "도시의 미래, 그 해답은 지하에 있다." 이화여자대학교 지하캠퍼스 ECC를 설계한 도미니크 페로(스위스 로잔공대 교수)가 한 말이다. 실제로 그는 파리의 시테섬의 지하 공간을 개발해 도시 네트워크를 조성하는 계획도 세웠다. 고층 빌딩이 즐비한 도심 안에 수많은 역사문화유산을 간직하고 있는 서울은 도시 개발에 있어서 이제는 그 한계에 직면해 있다. 한양 도성과 식민지 유산이 곳곳에 남아 있는 종로구와 중구 일대는 더더욱 그렇다. 알고 보면 그의 말은 도시를 지상으로만 생각했던 국내 도시 계획에서 시사하는 바가 크다. 어쩌면 스카이라인만 그렸던 우리의 도시 계획에서 이제는 베이스먼트라인(Basement Line)●을 그려야 할 때가 되었는지도 모른다. 이렇게 우리가 생각지도 못했던 지하가 있다. 어쩌면 지하 공간의 시험 무대가 될

> ● 대도시에서 지하 공간이 만들어내는 입면 형태로, 연속된 지하 공간의 각 지점을 연결한 선을 말한다.

지리교사의 서울 도시 산책

리모델링을 통해 새로운 옷으로 갈아입은 을지로 지하상가

지도 모르는 곳, 바로 을지로 지하상가다. 시청역 앞에서 시작해 을지로입구역과 을지로3가역, 을지로4가역을 지나 동대문역사문화공원역까지 약 3.3킬로미터에 달하는 국내 최장의 지하상가다. 2013년 리모델링을 거치면서 지하상가라는 상호를 버리고 '을지스타몰(EuljiStar)'로 재탄생하였다. 하지만 아직까지도 을지로 지하상가로 더 많이 불린다.

　지하상가 리모델링을 통해 바닥 및 벽체가 깔끔하고 세련된 모습으로 바뀌게 되었다. 보행로 중간에 LED조명 동물 이미지를 활용한 '정글테마존', 을지로 이야기와 작품을 다룬 '을지아뜰리愛' 등의 테마존을 비롯해 시민

휴식 공간을 조성하면서 한때 방문 명소가 되기도 했다.

지하 보행로를 따라 음식점, 카페, 옷가게를 비롯해 음악사, 유리 공예점, 모자 전문점, 제과점 등 특색 있는 220여 개가 점포가 입점해 있다. 이 중 레코드 상점으로 시작해 카세트테이프, CD 등 우리 음악사와 함께해 온 서울음악사가 자리 잡고 있다. 1971년 문을 열어 지금까지 운영하고 있는 현존하는 최장수의 음반가게로 서울시의 '오래가게'로도 지정된 곳이다. 또한 을지로2가 지하상가에는 을지로 제과점 그라츠가 자리를 잡고 있다. 그라츠는 지상에 횡단보도가 만들어져 지하상가의 유동 인구가 감소하고, 2000년대 중반 임대료의 급격한 상승 및 프랜차이즈 제과점의 홍수 속에도 신선한 맛으로 동네 빵집 중 유일하게 살아남은 을지로 대표 빵집이다.

레코드 노포 서울음악사

지역 명물 베이커리 그라츠

을지로3·4가 지하상가

을지로3·4가 지하상가는 을지로1·2가 지하상가와는 그 분위기가 사뭇 다르다. 을지로3·4가 대로변 지상 경관을 지하상가에 그대로 옮겨 놓은 듯 한 분위기다. 입점한 상점들을 보더라도 카메라, 가방, 등산복, 건강식품 등 을 판매하는 점포들로 1·2가 지하상가 점포들과 대비된다. 유동 인구도 그 리 많지 않은데다 상점을 찾는 이들까지 적어 폐업 안내문을 붙인 상점들 도 꽤나 늘었다. 이렇게 을지로 지하상가도 지상과 같은 문제를 겪고 있다. 지하상가를 언제까지 방치할 수만은 없다. 여기에 도시의 또 다른 미래가 있기 때문이다. 보행로가 충분히 갖춰지지 않은 을지로에서 지하상가가 가 진 보행로로서 활용 가치는 뛰어나다. 보행자들을 위한 보행 공간으로서 아름다운 거리 문화를 만들어야 할 필요성이 있는 것이다. 살아있는 공공 공간으로서 을지로 지하상가를 기대해 본다.

을지로,
재생을 말하다

조선식산은행, 동양척식주식회사 등 식민지 수탈의 상징이 되었던 을지로1·2가는 현재 국내 주요 은행과 증권사, 보험사 등의 금융기관이 밀집한 금융의 메카가 되었다. 타일·도기, 아크릴, 조명, 미싱(재봉틀), 벽지 등의 상점이 집적된 을지로3·4가는 국내 최대의 건축 특화거리가 되었다. 그 안쪽 골목에는 조각·금형 등의 공업사가 집적된 철공 골목과 크고 작은 인쇄소가 집적된 인쇄 골목 등이 있다. 그리고 을지로의 노동자들과 함께해 온 여러 노포들도 골목에 여전히 자리 잡고 있다. 이처럼 을지로는 우리 근현대사의 흔적이 곳곳에 남아 있는 소중한 문화유산이다. 이러한 을지로의 가치를 알리기 위해 지자체가 나섰다.

중구는 근현대 산업화의 유산들로 가득한 을지로의 뒷골목을 탐방하는 프로그램인 '을지유람'을 제작하여 운영하였다. 을지유람은 하얀색 도기 의자가 놓인 을지로3가 버스 정류장 앞에서 시작해 송림수제화, 오구반점, 서

지리교사의 서울 도시 산책

커피한약방과 혜민당

울청소년수련화, 원조녹두, 양미옥, 을지면옥, 을지다방, 통일집, 안성집, 조명거리, 공구거리, 피에타포토존, 미싱거리, 조각거리 등을 걷는 코스다. 타일·도기거리를 비롯해 조명거리, 공구거리 등 여러 산업 특화거리와 노포를 돌아보는 답사 프로그램을 운영하며 을지로의 문화적 가치를 알렸다. 장엄하면서도 오래된 역사문화유산을 간직한 것도 아니고, 그렇다고 새로운 먹거리가 있는 핫 플레이스도 아니고, 최첨단의 산업 도시도 아니지만 을지로는 얼기설기 얽힌 골목과 아날로그적 감성을 담은 재화들로 서울의 새로운 골목 명소가 되었다. 옛 향수를 그리워하는 장년층에게 을지로 골목의 풍경은 삶의 작은 위안을 주었고 디지털 세대인 청년층에게는 그들이 경험하지 못한 아날로그 감성이 신문화 장르가 되었다.

　일찌감치 을지로의 매력에 빠진 젊은이들은 이곳을 창업의 무대로 삼기도 하였다. 마냥 척박하게만 보이는 낯선 골목 한가운데 서서 젊은 창업가들은 새로운 영감을 얻는다. 커피한약방, 호텔수선화, 클리크레코드, 이현지 을지로기록관 등이 그렇다.

먼저 을지로2가 식당 골목 깊숙한 곳에 터를 잡은 커피한약방은 상호부터 참신함이 엿보인다. 과거 혜민서 터였다는 점에 착안해 이름을 붙였고, 빈티지 가구와 소품으로 근대적 분위기를 살려내 을지로 방문 명소로 자리잡았다. 커피한약방의 인기에 그 앞으로 과자점인 혜민당도 개점하였다.

을지로3가 남쪽 골목에는 패션, 주얼리, 가방 분야의 디자이너 세 명이 함께 운영하는 호텔수선화가 자리 잡고 있다. 평상시 작업실 겸 쇼룸으로, 그리고 전시 및 공연 공간으로 사용한다. 그뿐만 아니라 낮에는 카페로, 밤에는 펍으로 시간대를 달리 운영하며 수익을 창출한다. 호텔수선화 가까이에는 음악 애호가들의 아지트인 클리크레코드(@clique_records)도 둥지를 틀고 있다. 전 세계 독립 음반사의 언더그라운드 댄스 뮤직을 소개하고, 레코드를 판매한다. 레코드숍의 주인장은 DJ로도 활동하며 클리크레코드 옆에 디엣지서울을 열어 공연장 겸 카페로 사용하고 있다.

이런 젊은 예술가들의 작업 공간을 늘리기 위해 중구청은 2015년부터 을지로 디자인·예술 프로젝트를 시작하였다. 도심 공동화로 늘어난 빈 점포를 지역 예술가들의 활동 무대로 제공해 주는 사업이다. 임대료의 10%만 부담하면 작업실로 쓸 수 있기에 열정을 지닌 젊은 작가들이 유입되었다. 도자기 작품을 만드는 퍼블릭쇼(Public Show)와 예술 창작 공간 슬로우슬로우퀵퀵(SlowSlowQuickQuick, 을지 1호), 새를 모티브로 다양한 예술 작업을 펼치는 새작업실(을지 2호), 창작과 예술 교육을 실천하는 R3028(을지 2-1호), 가구·조명을 디자인하는 산림조형(을지 3호), 폐자전거로 인테리어 소품을 제작하는 써클활동(을지 4호), 사진과 영상으로 을지로의 역사를 담아 낼 이현지 을지로기록관(을지 5호) 등이다. 이들은 자신만의 공방과 갤러리를 만들어 침체의 기로에 섰던 을지로에 새로운 활력을 불어넣고 있다. 이와 같은 노력의 결과로 중구는 국토교통부가 주최한 '2017년 대한민국 도시대상'에서 도시 재생 분야 최우수상을 수상할 수 있었다.

이러한 변화는 을지로 한가운데를 관통하는 세운상가에서도 일어나고 있다. 방치되었던 지하 보일러실, 상가들이 빠져나간 빈 공간, 보행로가 단절된 상가 등 쓸모없이 버려진 공간들이 재생으로 공공 공간으로 새롭게 변화되고 있다. 세운초록띠공원의 지하에는 문화재 전시관을, 지상에는 세운광장 다목적홀을 조성하여 이를 메이커 페스티벌의 장소로 변화시켰다. 세운상가 8층 옥상은 도심 일대를 조망할 수 있는 전망대와 시민 쉼터로 조성되었다. 청계천을 복원하면서 철거된 공중보행교는 상가별로 연결해 관람 코스로 조성되었다. 세운메이커스 큐브도 함께 조성하면서 스타트업 창작·개발 공간으로 재탄생될 수 있었다. 스크린 골프장으로 만들어 수익을 내려했던 지하 보일러실은 상가연합회를 설득해 창업의 공간으로 조성하였다. 더 나아가 지역 장인과 창업가들이 만나는 도시 재생에 2019년까지 1000억 원의 재원을 투입하게 된다. 을지로는 앞으로의 모습이 더 기대된다. 가장 먼저 재개발 논의가 시작되었지만 무산되어 재생으로 을지로의 문화유산을 지켜낼 수 있었기 때문이다. 재생 과정이 서둘러 진행되지 않는 것도 다행인 듯싶다. 차근차근 단계를 밟아 가는 과정이 유의미해 보인다. 2010년대 이후 서울의 새로운 핫 플레이스 떠오른 경리단길, 연남동 등의 지역들은 지나치게 빠른 변화로 일찍부터 젠트리피케이션을 경험했던 곳이다. 큰 변화가 없었음에도 불구하고 핫 플레이스로 부각되면서 지역 상권은 크게 요동쳤다. 기존 임차인이 감당할 수 없을 만큼의 급격한 임대료의 상승으로 젠트리피케이션은 몇 차례 반복되었다. 이러한 상황에서 을지로의 재생 과정이 조금은 도시 재생사업에서 하나의 제동 장치가 될 것으로 기대된다. 무엇보다 철공업이나 인쇄업 등 을지로의 기반 산업을 우선적으로 지원하여 산업 기반을 튼튼히 유지해 나가는 과정이 돋보인다.

재생의 모든 과정이 일시적인 성장보다는 지속 가능한 성장을 이끌어 나가는 것이 목표라고 할 수 있다. 다만 재생 과정에서 항상 제기되는 문제는 재원의 효율성이다. 을지로 또한 효율성 측면에서 지적을 피해 갈 수 없었다. 세운상가 재생에만 1000억 원 이상이 소요되었음에도 가시적인 성과가 없기 때문이다. 사실 도심 지역에서 재생 사업의 경우 괄목할 만한 경제적 성과가 드러나지 않는다. 통상 '투입은 산출, 산출은 매출'로 이어지는 조건식에서 도시 재생은 산출이 바로 매출로 연결되지는 않기 때문이다. 재생의 산출은 정주 여건, 산업, 환경, 문화, 공동체, 지역성 등 다양한 결과물로 확인된다. 또한 조건식처럼 계산이 바로 나오는 것이 아니라 각각의 결과물이 시기를 달리한다. 따라서 재생사업 추진 당해나 이듬해에 도시 재생의 결과를 측정한다는 것은 불가능한 것이며, 해서도 안될 일이다. 다만 장기간 진행되는 사업이니 만큼 사업 수행 과정에서 각 분야별로 진행되는 과정을 충분히 점검하고 지속적인 피드백을 통해 문제 상황을 해결하고 개선해 나가야만 한다.

도시 산책 ✛ 플러스

플러스 명소

▲ 국립중앙의료원
한국전쟁 이후인 1958년 우리나라에 의료를 지원했던 덴마크, 노르웨이, 스웨덴과 국제연합한국재건단(UNKRA), 우리나라 정부가 함께 설립한 공공의료원으로 1968년 우리나라 정부에서 운영권을 인수하여 지금에 이름.

▲ 청계천 복원 구간
광화문 동아일보사에서 성동구 신답철교에 이르는 5.8킬로미터 구간, 2003년부터 시작해 2005년 마무리됨. 정조반차도를 중심으로 청계천 위에 총 22개의 다리가 놓임.

▲ 동대문디자인플라자(DDP)
을지로7가, 옛 동대문운동장을 철거하고, 2009년 완공됨. 동대문역사문화공원(동대문역사관, 서울 한양도성, 이간수문 유적 등)과 함께 둘러보기 좋음.

산책 코스

◎ 을지로, 세운상가: 그레뱅뮤지엄 ⋯ 을지로(금융 지구) ⋯ 커피한약방 ⋯ 을지골뱅이골목 ⋯ 타일·도기 특화거리 ⋯ 을지로15길(조각·금속) ⋯ 조명 특화거리 ⋯ 세운대림상가 ⋯ 삼풍상가 ⋯ 을지로16길, 을지로24길(인쇄·출판) ⋯ 창경궁로5길(조각·금속) ⋯ 벽지거리 ⋯ 방산시장

◎ 세운상가 주변 탐방: 인쇄 골목 ⋯ 조각, 금형 거리 ⋯ 창작큐브 ⋯ 팹랩서울 ⋯ 세운전자 박물관 ⋯ 테크북라운지(과학 기술 도서관) ⋯ 세운인라운지 ⋯ 시립대 시티캠퍼스(현장수업, 시민학교) ⋯ 수리수리협동조합

맛집

1) 을지로1·2가
• 이나니와요스케시청점, 카페그레뱅, 먹보대장, 구이구이, 이남장, VIP참치, VIP한우, 을지황소곱창, 커피한약방, 전주옥, 영조영락골뱅이, 원조금호골뱅이

2) 을지로3가
• 덕원골뱅이, 동표골뱅이, 풍남골뱅이, 양미옥, 안동장, 조선옥, 오구반점, 을지칼국수, 을지수제비, 은성장, 분카샤, 동원집, 만선호프, 초원호프, 광주식당, 영빈각, 한국관

3) 을지로4가
• 맛있는 한우랑, 석다방, 통돼지집, 개성칼국수, 순흥옥, 서광식당, 송경, 큰맘할매순대국, 을지로에서, 산수갑산

참고문헌

강명숙, 2003, 특수인쇄밀집지역(방산시장) 활성화를 위한 재개발 방안: 도시의 기존 인프라스트럭쳐를 활용한 인쇄시장 대중화에 대한 제안, 한양대학교 석사학위논문.

강승현·심우갑, 2009, 1960-1970년대 서울 상가아파트에 관한 연구. 대한건축학회 학술발표대회 논문집, 403-406.

김봉렬, 2013, 을지로 인쇄 제조업 집적의 구조와 생활세계 연구, 서울연구원, p.34-38.

김육훈, 2007, 살아있는 한국 근현대사 교과서, 휴머니스트.

박선희, 2006, 경성(京城) 상업공간의 식민지 근대성: 상업회사를 중심으로. 대한지리학회지, 41(3): 301-318.

서울역사박물관, 2010a, 세운상가와 그 이웃들.

서울역사박물관, 2010b, 도심 속 상공인 마을.

서울특별시 도심재정비1담당관, 2009. 세운재정비촉진지구 그 과정의 기록.

서울특별시사편찬위원회, 2009, 서울지명사전.

손정목, 1997, 아세운상가여!: 재개발사업이라는 이름의 도시파괴, 국토, p133-134.

신동윤·김지희·이송이·진미란·최영은·김하영·유예영·현시아·홍진영, 2015, 인쇄업의 입지변화: 중구 을지로를 중심으로, 응용지리, 32, 27-49.

오경숙, 1986, 우리나라 인쇄업의 지리구조와 그 입지변동에 대한 고찰, 地理教育論集, p.140-167.

유민영, 2000, 한국근대연극사, 단국대학교, 출판부.

윤승종, 1994, [특집]세운상가 아파트 이야기, 건축, 38(7).

이두호, 2011, 세운상가에 대한 도시 건축적 재해석, 경기대학교 석사학위논문.

이두호·안창모, 2011, 세운상가에 대한 도시 건축적 재해석, 한국건축역사학회 추계학술발표대회 논문집.

이용우, 2003, 인쇄업 10년 경영분석: 부가가치 크게 떨어지고 재무구조는 건실해졌다, 프린팅코리아, 14, p.36-43.

이진아, 2017, '골목길 투어'의 배경과 의미, 이화여자대학교 석사학위논문.

전우용, 2003, 일제하 서울 남촌 상가의 형성과 변천. 서울 남촌; 시간, 장소, 사람. 서울: 서울학연구소.

조명룡, 1995, 도심 인쇄업의 공간이용특성에 관한 연구, 수원대학교 석사학위논문, p.20-23.

한상언, 2010, 활동사진시기 조선영화산업 연구, 한양대학교 박사학위논문.

홍성철, 2007, 유곽의 역사, 페이퍼로드, p237.

황인, 2017, 젊은 미술가들의 실험실, 을지로 3가, 월간 샘터, 568, 92-93.

뉴시스, 2017. 12. 6., "다시 세운상가를 지키는 초로의 장인들".

뉴시스, 2017. 12. 6., "세운상가와 고락 같이한 장인들… 다시세운 프로젝트 기대감"

옴부즈맨뉴스, 2016. 6. 9., '주자소에서 인현동 인쇄 골목까지…'

서울역사박물관 블로그 http://blog.naver.com/seoulmuse/30111916040.

경향신문, 1968, "世運商街에 명당爭奪戰", 1968.6.24.

동아일보, 2017, "국내 첫 '주상복합아파트' 영욕의 50년", 2017.4.17.

전통의 활용, 익선동

　고층 건물이 빼곡히 들어선 서울 도심 한복판에 고립된 섬처럼 홀로 남아 있는 작은 마을이 있다. 좁다란 골목을 따라 전깃줄은 얼기설기 엉켜 있고 조그마한 한옥이 서로 담을 기대며 살아온 옛 정취 가득 풍기는 동네다. 재개발의 위기를 어렵게 이겨내고 이제 봄기운처럼 골목에 생기가 돋아나는 곳, 바로 '익선동 한옥마을'이다. 북촌에 비하면 그리 크지도 않고, 그리 특별할 것도 없는 동네지만 젊은이들로 붐빈다. 도대체 그 이유가 무엇일까? 익선동의 변화를 이끈 힘과 그 매력을 찾아 이제 도시 산책을 떠나 본다.

　쳇바퀴 돌 듯 바쁘게만 돌아가는 일상 속에서 잠시나마 소소한 행복을 느낄 수 있는 공간을 탄생시킨 것은 창업가와 예술들 덕분이다. 허름한 한옥을 특별한 공간으로 재창조하여 지도 속에서 지워질 뻔했던 동네를 살렸다. 서양화를 전시하는 갤러리, 커피와 차를 마시는 카페, 이색적인 먹거리를 맛볼 수 있는 음식점, 각종 패션 상품을 판매하는 상점이 모두 익선동 한옥 안에 자리를 잡았다. 즉 낡은 한옥을 수선해서 익선동 '뉴트로(Newtro: 새로움(new)과 복고(retro)를 합쳐 만든 신조어)' 열풍을 불러일으킨 것이다. 개화기풍 경성 스타일의 옷을 대여해 입고 한옥 골목을 거닐며 기념사진을 남기는 개화기 콘셉트는 이미 익선동의 문화로 자리 잡아 가고 있다.

　이러한 익선동의 변화 과정은 재생 모델로 많이 회자되고 있다. 정부나 지자체가 주도한 것이 아니고 젊은 창업가와 예술가들의 자발적인 움직임에서 시작되어 민관 협력을 이끌어 냈기 때문이다. 한옥이라는 역사문화유산의 가치를 활용한 것 또한 흥미로운 소재가 되었다. 자발성에 기인한 지역 변화는 도시 재생의 새로운 패러다임으로도 소개되고 있다. 이제부터 익선동 한옥마을을 산책하며 도시 재생의 원동력과 그 변화 과정을 자세히 들여다보자.

북촌 아래 작은 한옥 마을, 익선동

지하철 1·3·5호선의 환승역으로, 일일 환승객만 무려 10만 명에 달하는 종로3가역은 종로 여행의 시발점이다. 세 노선 중 한가운데 있는 3호선 종로3가역은 종로귀금속거리를 양분한다. 이 거리를 중심으로 위로는 인사동 거리와 낙원동·익선동 골목으로 이어지고, 그 아래로는 종로 공업사 골목·아크릴 거리·세운상가·청계천 등으로 이어진다. 그 좌우로는 종묘와 탑골공원 등이 자리 잡고 있다. 근현대 문화유산과 산업화의 공간 등이 남아 있어 도심 속에서 그나마 사람 사는 동네 분위기를 느낄 수 있는 곳이다.

이 중에서 익선동 골목은 옛 한옥의 정취가 도심 속에 남아 있는 명소로 젊은이들 사이에서 핫 플레이스로 떠오른 곳이다. 5호선 종로3가역 4번 출구로 나와 그 건너편, 돈화문로11길 안쪽으로 이어진 골목이 익선동 한옥마을의 첫 시작이다. 도심 속 깊이 숨어 있다 보니, 골목 안쪽으로 들어가서야 한옥의 정취가 서서히 드러난다. 은빛 호수에서 잔잔히 물결치듯 흐르

종로구 익선동의 위치

는 담청색 기와지붕과 서로가 서로를 지탱하며 세월을 버텨낸 기울어진 담장이 도심 속 일상에서 작은 쉼을 주는 동네다. 하지만 남북으로 이어진 마을 골목은 두세 사람만 지나가도 서로 어깨를 부딪칠 정도로 비좁다. 옛 주택은 일상생활이 어려울 정도로 낡았다. 승용차가 한 대 지나갈 만한 도로하나 없고, 잠시 차를 세워 둘 만한 주차 공간도 없는 불편하기 그지없는 동네다. 이런 문제들로 얼마 전까지 전면 재개발의 대상이 되기도 했었다. 그럼에도 불구하고 익선동만의 매력에 빠진 젊은 창업가와 예술가들은 이곳으로 모여들었다. 전면 재개발의 위기 속에서 독특한 아이템을 입은 갤러리와 공방, 카페와 음식점 등의 실험 무대가 되었다. 면적이 고작 22,000제곱미터 정도에 불과한 동네가 꿋꿋이 살아남아 이제는 도시 재생의 모델로 재조명받고 있다. 과연 익선동에 어떤 일이 있었던 것일까? 그 해답을 찾아 익선동으로 도시 산책을 떠나 본다.

먼저 익선동(益善洞)은 이곳의 옛 이름이었던 '익동'에서 '익'을, 조선의 한성부 중부 '정선방'의 '선'을 따서 붙여진 이름이다. 그 유래는 조선 초기로 거슬러 올라간다. 당시 익선동은 한성부 중부 8방 중 경행방에 속해 있던 곳이었다. 대문의 좌우를 이은 행랑인 익랑이 많다고 하여 동네는 '익랑골'로 불렸다. 1869년 전계대원군의 사당이 이곳으로 오면서 누동궁이라고 부르다가, 1914년 '예전보다 더 좋은'이라는 의미의 익선명이라는 동명이 새로 지어졌다. 1943년 구제도가 시행되면서 종로구에 포함되었고, 익선명은 익선정이 되었다가 해방 후 익선동으로 바뀌어 지금에 이른다. 또한 소설 『임꺽정』을 쓴 독립운동가 홍명희, 서예가 이병직이 살았던 곳이다.

공간적 범위를 보면 동쪽으로는 돈화문로11가길을 경계로 와룡동·묘동과 나뉘고, 서쪽으로는 경계로 하는 기준 도로 없이 경운동 낙원동과 나뉜다. 북쪽으로 삼일대로32길을 따라 운니동과, 남쪽으로 수표로28길 돈의동과 경계를 한다. 그 한가운데로 삼일대로30길이 동서를 가로지르며 남북으로 나눈다. 북쪽으로 오피스텔, 호텔, 종로1·2·3·4가동 주민센터, 아파트 등 대형 건물들이 중심을 이루는 반면, 남쪽으로는 익선동 한옥마을이 중심을 이뤄 서로 대조적인 경관을 보인다.

경성의 건축왕에서
민족 공간의 수호자로

일제 강점기인 1912년, 일본은 조선 총독부를 중심으로 서울의 도로망을 개선하고 도시를 새롭게 정비하려는 시구개정을 공포하였다. 이는 일본이 조선의 전통적인 가로망을 바꾸어 일본의 통치에 유리한 방향으로 서울의 공간을 재편하려는 움직임이었다. 초기 방사형 가로망으로 계획했던 것이 바뀌어 남북과 동서 방향의 격자형 공간 계획이 수립되었다. 1920년대 들어서 세 차례 경성의 도시 계획안이 수립되었다. 이를 바탕으로 근대 주거지가 형성되기 시작하였다.

친일 행적 속에 서울의 많은 토지를 소유했던 박영효는 서울의 도시 계획에도 많은 영향력을 행사하였다. 특히 건백서(建白書)를 통해서 먼저 도로를 확보한 후에 필지를 분할할 것과 대지의 경계선에 맞추어 주택을 구획하는 것 등이 그것이다. 가옥 내부로는 방 2칸, 부엌 1칸, 마루 1칸을 기본으로 하며, 정문인 대문에 행랑이 딸린 구조를 소개하였다. 이는 도시 빈

민들의 구제를 목적으로 설립된 주택구제회●
에서 계획한 방 2칸, 마루 1칸, 부엌 1칸을 반
영하고, 그 아래에 ―자의 행랑채를 덧붙여
ㄷ자형의 가옥 구조를 만들었다.

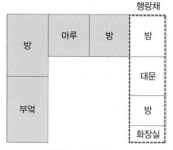

행랑채를 덧붙인 ㄷ자형의 구조
(출처: 윤아라미)

　서울의 도시계획을 촉진하기 위해 1921년
경성도시계획연구회가 조직되었고, 이 안에
이완용, 박영효, 민병석, 민영기 등 친일 세력
들이 포진해 있었다. 익선동166번지는 갑신정변(1884년)을 주도하고, 일제
강점기 고위 관직에 오른 박영효가 토지를 소유하고 있었기에 아마도 도시
계획안에 포함되었을 것으로 보인다. 박영효는 당시 채무가 심했던 이해승
으로부터 이 땅을 공동으로 매매하게 되는데 동양척식주식회사가 그 담보
를 제공하였다. 이후 창덕궁으로 소유가 넘어가는 과정에서 많은 차익을
남겼다.

　당시 일본인들은 구한말부터 일본공사관(을사조약 이후 조선통감부로
승격)이 있던 예장동(지금의 서울애니메이션센터 부근) 일대와 충무로1가
의 진고개 일대, 즉 명동을 중심으로 청계천 남쪽 지역에 자리 잡았던 일본
인들은 1920년대 들어와 청계천 북쪽으로 시선을 돌리게 되었다. 러일전쟁
의 승리 이후 일본인들의 유입이 거세지면서 조선 정치·경제의 오랜 중심
이었던 청계천 북쪽으로 유입이 가시화되었다. 조선총독부는 경복궁으로,
경성부청도 덕수궁 옆으로 이전하게 되었다. 주요 기관과 경성제국대학이

● 당시 박영효가 회장이었으나 운영에 어려움을 겪으면서 1923년 보린회로 변경되었다. 1923
년 이후 서대문구 영천, 마포구 아동동에 간편 주택을 지어 보급하였다.

하나씩 자리 잡게 됨에 따라 익선동은 북촌 지역으로 진출을 계획하던 일본인들에게도 꽤나 매력적인 공간이었다. 북촌과 함께 익선동은 서울의 오랜 중심부였고, 그 규모가 제법 컸기에 일본인들의 주거 공간으로 충분했다. 그래서 청계천 북쪽 지역의 조선인을 몰아내고 일본인을 위한 경성을 만들고자 했던 것이다. 일본에 빼앗길 뻔했던 이 장소를 지켜낸 이가 민족 자본가인 정세권이었다.

그는 1920년 우리나라 최초의 근대식 주택개발사인 건양사를 설립해 서울 곳곳에 한옥 주택을 지어 분양하였다. 일본식 주택을 지을 것을 강요받았던 일제 강점기, 정세권은 꿋꿋이 조선 서민을 위한 도시형 한옥만을 고집하였다. 서민형 한옥조차 구입하기 어려웠던 조선인 서민들에게 분양 대금을 월 단위로 나누어 내는 제도를 도입해 그들의 생활을 도왔다. 즉 조선의 땅에 건양사를 통해 조선인을 위한 삶의 공간들을 만들어 나간 것이다.

경성시가지 계획령이 시행된 1936년을 시작으로 보았을 때, 익선동 한옥은 이보다 6년이나 이른 시기에 조성되었다. 이런 연유로 실험적 근대 한옥으로 불리게 되었다. 익선동 외에도 봉익동(1928~1929년), 혜화동(1928년), 가회동(1933년)에도 도시형 한옥을 개발해 분양하였다. 그 후로 성북동, 창신동, 서대문, 왕십리 등에 도시형 한옥을 대단위로 공급하였다. '경성 개발'이라는 부동산 개발업체를 통해 경성의 토지를 매입하였고, 전통 한옥에 근대적 생활양식을 반영하여 근대 한옥으로의 변화를 이끌어내었다. 춘원 이광수는 소설 『무정』에서 그를 건축왕으로 묘사하기도 했다.

지금까지도 그는 '경성의 건축왕', '부동산 개발업자'로 불려오고 있다. 하지만 그는 경성 전역에 대단위 한옥 단지를 공급한 개발업자이기 이전에 일제 치하에서 조선물산장려운동과 조선어학회운동을 이끌어 갔던 민족 자본가였다. 일제의 억압 속에서도 민족의 단합된 힘으로 자주·자립 경제를 이루고자 했고, 조선물산장려회 이사로 활동하면서 재정을 담당하고 지원하였다. 이후 정세권은 민족운동에 참여했다는 이유로 고문을 당했고, 뚝섬에 가지고 있던 약 12만 제곱미터의 토지를 강탈당했다. 갖은 억압과 핍박 속에서도 민족운동을 이어 갈 수 있도록 많은 재정을 지원해 준 이가 바로 정세권이었다. 이러한 노력에도 불구하고 아직까지 그가 '경성의 건축왕'으로만 불리고 있는 점은 아쉬운 부분이다. 이제는 그가 '민족운동의 숨은 조력자'로, 더 나아가 '민족 공간의 수호자'로 재평가받길 바란다.

　　　　　　　　　　　　　　　　　　　　지리교사의 서울 도시 산책

정세권의
꿈을 담은 집

익선동 한옥마을은 종로구 익선동 일대, 즉 1920년대 조성된 근대 한옥 주거지에 위치한 한옥 밀집 지역을 말한다. 익선동 한옥은 전통한옥에 당시 도시적 생활양식을 고스란히 반영하여 개량한 도시형 한옥이다. 장면 부통령, 유일한 박사 등이 이곳을 거쳐 갔고, 현대 정치의 비밀스런 송사들이 이곳의 한옥 요정에서 벌어졌다.

익선동 한옥마을의 범위는 수표로28길 12-4~34, 돈화문로11다길 34~44-1에 걸쳐 약 103개의 필지에 해당한다. 1920년대 당시 다른 한옥 주택지들의 도로 체계가 불규칙●적이었던 반면, 익선동은 폭 3미터 정도의 도

● 다른 도시의 도로가 가지형인 데 비해서 익선동 166만 필지가 정형의 형태를 보이는 것은 일본인들의 북촌 진출의 목적이 있었기에 필지 개발에 주도적인 역할을 하지 못했다는 것을 뒷받침한다(윤이라미, 2017).

정세권이 익선동에서 소유했던 지역(왼쪽), 익선동 한옥의 규모별 구분(오른쪽)(출처: 윤아라미, 2017)

로가 남북으로 곧게 뻗어 있었다. 당시 익선동 69개 필지 중 35%에 달하는 24개 필지를 정세권이 소유하고 있었다. 좌우로 나누어 보면 필지의 차이가 확연하다. 그는 좌측에 있는 166-52번지를 구입 후 68~83번지까지 분할하였다. 그 규모는 대략 72.72제곱미터(약 22평) 정도이고, 나머지는 그 두 배가 넘는다. 필지에서부터 큰 차이를 보였던 이곳의 한옥에는 당시 혁신적인 기법들이 적용되었다. 전통 한옥의 상당 부분을 변형하여 서민들을 위한 공간으로 재창조해 '실험형 한옥'으로도 불린다.

정세권은 주거 환경을 개량하여 위생적인 측면과 효율성을 배가시켰다. 먼저 당시로서는 매우 파격적이라 할 수 있는 수도와 전기를 집으로 끌어들였다. 정원을 확대 조성해 일조량을 충분히 하고, 공기의 순환을 도와 축축한 부분을 최소화했다. 방은 대체로 남향, 부엌은 북향으로 하고, 행랑방 하나를 덧대었으며, 창고의 위치를 실용적으로 재배치하였다. 지붕의 높이를 최대한 높여, 지붕 아래에 다락을 두었다. 다락은 창고나 방으로 사용하고, 계단이나 사다리로 출입하도록 하였다. 거실 격인 마루에는 유리문을 달았으며, 처마에는 함석 물받이를 이어 한옥의 실용성을 최대한 살려냈다.

　　　　　　　　　　　　　　　　　　　　　　지리교사의 서울 도시 산책

| 우진각지붕 | 팔작지붕 | 맞배지붕 |

지붕의 구조

익선동 한옥의 배치를 보면 크게 외정형과 내정형으로 형태로 나눌 수 있다. 필지의 가운데에 건물이 있는 외정형은 건물 주위를 마당이 둘러싸고 있고, 대지 경계선을 따라 건물로 둘러싸인 내정형은 중심에 마당을 조성하였다. 한옥의 구조는 남부 지방에서 흔히 볼 수 있는 ㄱ자형에서부터 중·북부 지방이나 사대부 집안에서 볼 수 있는 튼ㅁ자형까지 다양한 형태의 구조를 갖추고 있다. 기본 구조에 행랑채를 덧붙인 ㄷ자형과 튼ㅁ자형, 중정형의 구조에 화장실, 방, 창고 등이 추가되는 식이다. 행랑채의 일반적인 구조는 방-대문-방-화장실의 구조를 보인다. 물론 방 중 하나를 창고로 사용하는 경우도 꽤나 많다.

지붕은 우리 전통 한옥의 지붕 형태를 모두 볼 수 있다. 지붕 사방에 지붕면을 두고, 추녀마루와 용마루가 만나는 우진각지붕, 우진각지붕과 같이 사방에 지붕면을 두고, 좌우 양측에 삼각형의 합각을 둔 팔작지붕, 상하 양면으로 지붕면을 둔 맞배지붕 등이 있다. 일부 가옥에서는 이런 혼합된 형태의 지붕들을 볼 수 있다.

도시 재생이란?

1980년대 이후 쇠퇴한 도심 지역을 중심으로 도시 재개발(urban redevelopment)*이 유행하게 되었다. 이는 1970년대 시작된 전면재개발(urban renewal)에서 시작되었다. 1990년대부터 시작된 도시 재생(urban regeneration)**은 노후 시설을 철거하여 깨끗하고 세련된 도시 경관을 만들고자 했던 도시 재개발의 차별성에서 출현하게 되었다. 고층 건물과 아파트로 바뀌면서 도시 구조를 파괴했던 도시 재개발에 대한 문제 인식 속에서 경제의 성장만을 추구하는 것이 아니라, 옛 도시 경관을 유지하는 방향으로의 변화를 추구하였다. 즉 쇠퇴되어 가는 도심의 다양한 기능을 회복시킴으로써 사회 및 문화 기반 시설을 구축하고, 쾌적한 환경을 조성해 나가며, 이를 통해 지역의 정체성을 회복시키는 것이 도시 재생의 목적이라 할 수 있다. 도시 재생의 유형은 주거지형 재생, 중심시가지형 재생, 기초생활확충형 재생, 지역역량강화형 재생으로 구분된다.

재생 유형	추진 방식	사업 특성
주거지	• 문화 복지 경제 프로그램 • 노후 불량 주택지 개량 포함 • 정주 여건 개선 • 공동체 복원	• 주민 주도 재생 계획 커뮤니티 주택 정비 • 사회적 기업 운영 거주자 복지 후생 • 주민 협정에 의한 마을 주거 환경 개선 • 공공 주도 거점개발사업 순환정비주거 개선
중심 시가지	지자체 주민 전문가 시민 단체 등 협력으로 기성 시가지의 도시 재생 전략 수립	• 상가, 지주 중심형 상가개발 파트너십 형성 • 역사, 문화유산 활성화 지역 자산 콘텐츠화 • 지역 자원 활용 수익 창출 지역 환원
기초 생활 확충형	주민이 마을 재생 사업 디자인에 참여	• 자력 개발 증진 취약 동네 재생 프로젝트 • 공공디자인 벽화 건물 리모델링 환경 개선 • 폐부지 등 저이용 토지 활용 테마 공간 조성 • 주민 참여 프로그램 적용
지역 역량 강화형	• 주민 주도 커뮤니티 활성화 • 교육 등 지역리더 육성	• 마을갤러리, 주민음악회, 지역방송국, 동네 이야기 지도, 동네 소식지 등 자립형 지역 역량강화 기반 구축 • 주민 아카데미, 참여 교육, 마을학교 운영 등 주민의식 개혁, 지역 리더 육성 • 주민의 자발적 거버넌스 체계 구축

출처: 국토교통부, 2012

* 1950년대 미국에서 유행했던 도시 재개발은 소득이 낮은 흑인층의 거주지를 빼앗는 결과로 나타나기도 하였다. 이로 인해 '슬럼 클리어런스'가 '블랙 클리어런스'로 잘못 알려져 갈등이 벌어지기도 하였다.

** 1950~1960년대 유행했던 도시 재구축(urban reconstruction)과 도시 활성화(urban revitalization)에서 유래된다. 도시 재개발이 물리·환경적 측면을 강조하였다면, 도시 재생은 물리·환경적 측면, 산업·문화적 측면, 생활 커뮤니티적 측면의 균형을 통합한 것이라 할 수 있다.

수표로28길,
그 창의적인 실험들

한옥의 새로운 실험장이 된 익선동 한옥골목

돈화문로 건너 승용차 한 대가 간신히 지나갈 수 있을 법한 돈화문로11 길로 들어선다. 이 비좁은 골목에 낙원가구와 해물사령부(전 소떼설렁탕집)가 서로 마주하고 있다. 20미터 정도 이어진 골목은 낙원철물 앞에서 그 폭이 절반으로 줄어든다. 철물점 간판 뒤로 가려진 감청빛 기와지붕이 서서히 드러나는 순간, 좁다란 익선동 한옥마을의 골목이 열린다. 수표로28길, 아스팔트로 포장된 도로는 사라지고, 조각조각 짜임새 있게 맞춰진 좁은 인도로 골목은 이어진다.

전봇대 사이 얽히고설킨 전깃줄, 오랜 세월의 흔적이 저절로 묻어나는 붉은 벽돌, 새는 지붕을 막기 위해 덧댄 비닐이나 천막 등 오래됨의 미학이 펼쳐진다. 기와지붕 아래 덧댄 함석 처마와 물받이는 수십 년의 세월 속에 구부러지고 빛바랬다. 그래서일까? 전혀 불편하지 않고 어릴적 할머니 품처럼 포근하다. 골목에서 한 걸음 한 걸음 내디딜 때마다 사람 냄새가 풍긴다.

이렇게 혼자 걷노라면 저절로 힐링이 되었던 이 골목은 어느새 사람들에게 알려져 찾는 이들이 제법 많아졌다. 삼삼오오 짝을 지어 골목 산책을 즐기는 방문객들로 골목은 조금씩 분주해지기 시작했다. 마을 골목에 생기가 도는 듯하면서도, 다른 한편에서는 주민들에게 피해가 가지 않을까 하는 조바심이 난다.

도시 재개발의 열풍 속에서 익선동은 한동안 사람들의 기억에서 잊혀 갔던 곳이었다. 하지만 예술가와 청년 사업가들이 도심 속 오래된 골목의 가치를 깨닫고 하나둘 들어오면서 변화가 시작되었다. 그들은 제각각 참신한 아이디어로 중무장하여 이곳을 무대로 창의적인 실험들을 하나씩 실천해 나갔다. 이러한 변화는 프로젝트 카페인 익선다다에서부터 시작되었다. 이

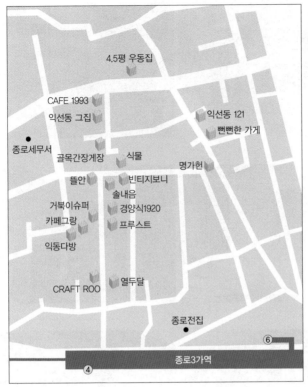

4.5평 우동집

CAFE 1993
익선동 그집

익선동 121
뻔뻔한 가게

종로세무서
골목간장계장   식물
명가헌

뜰안   빈티지보니
솔내음
거북이슈퍼   경양식1920
카페그랑   프루스트

익동다방

CRAFT ROO   열두달

종로전집

⑥

종로3가역
④

익선동 한옥마을의
주요 명소

후 음식점과 카페 등 다양한 아이템의 상점이 이곳에 들어오면서 젊은이들
이 즐겨 찾는 핫 플레이스로 부상하게 되었다.

수표로28길의 골목 초입에 문을 연 열두달은 다양한 숍이 함께 모여 만
들어진 마켓 겸 다이닝 플레이스이다. 수제 맥주 코너인 SKIM45, 햄과 델
리 제품 전문인 mmham, 채소 전문인 ROOT 등이 각자의 장점을 살려 특
색 있는 메뉴를 선보인다.

골목 중간쯤에 다다르면 거북이슈퍼가, 그 앞쪽 작은 샛길로 익동다방
틈이 자리 잡고 있다. 틈은 커피, 차, 수제 과일청 등 갖가지 음료를 즐기며
예술 작품을 볼 수 있는 갤러리 카페이다. 작가의 개인전이 열리기도 하고,

전통의 활용, 익선동

열두달

거북이슈퍼

프루스트

틈

솔내음

경양식1920

오래된 한옥 철물점이 호텔의 주차장으로 바뀐 골목 초입 풍경

지리교사의 서울 도시 산책

작가와의 대화 및 드로잉 수업 등도 진행된다. 그 앞 거북이슈퍼는 허물어진 콘크리트 벽이라는 소재를 활용한 것이 특징이다. 모던한 인테리어지만 슈퍼 안은 구멍가게의 감성을 고스란히 살려냈다. 오순도순 테이블에 둘러앉아 쥐포나 오징어를 뜯으며 맥주 한잔 마실 수 있는 분위기에 남녀노소를 불문하고 인기가 많다. 그 맞은편으로는 홍차 및 밀크티 전문점인 프루스트, 돈가스와 함박스테이크 전문점 경양식1920, 커피와 맥주 전문점 솔내음이 있고, 골목 초입에는 낙원철물점이 자리 잡고 있었지만 지금은 주차장으로 바뀌어 버리고 말았다.

골목 끝 삼거리에서 오른쪽으로 꺾으면, 그 좌측에는 카페 식물이, 우측에는 빈티지숍 빈티지보니(Vintagebonnie)가 자리 잡고 있다. 식물은 전직 미술 강사와 공간 디렉터가 운영하는 카페 겸 바. 어릴 적부터 식물을 좋아했던 주민이 식물이라는 상호를 달고, 카페 곳곳에 식물을 두었다. 전통 기와를 이어 붙인 내부 인테리어는 어두운 실내조명 때문인지 차가워 보이면서도 은은하게 따뜻함이 맴돈다. 바리스타이기도 한 카페 사장이 직접 내린 더치커피 안에 베일리스 밀크와 커피 얼음 조각을 넣어 만든 '식물커피'는 부드러운 향으로 방문객들을 유혹한다.

네 개의 골목 중 두 번째 골목에는 비빔밥, 종로 등 게스트하우스를 비롯해, 디자이너숍 수집, 이탈리안 레스토랑 이태리총각, 카페 엘리, 프랑스 디저트 전문점 프앙디가 자리 잡고 있다. 게스트하우스는 한옥 문화와 생활예절, 다도 등 우리 문화를 체험할 수 있는 장소로, 레스토랑과 카페는 한옥과 어우러진 퓨전의 공간으로 조화를 이룬다.

디자이너숍 수집(SOOZIP)은 핸드메이드로 제작된 제품을 판매하는 로드숍이다. 디자이너들이 만든 핸드메이드 제품들을 모아 전시하고 판매하

식물

빈티지보니

수집

게스트하우스 종로

비빔밥

는 공간으로 일종의 편집숍이다. 빈티지보니와 함께 운영되고 있어서 빈티
지한 분위기가 익선동 한옥과 잘 어우러진다. 이탈리아 음식점 이태리총각
은 토마스 소스와 모짜렐라 치즈, 채소를 곁들인 피자로 큰 인기를 얻고 있

다. 디저트 전문점인 프랑디는 마카롱, 다쿠아즈 등 젊은 여성들에게 인기 있는 프랑스 인기 디저트를 선보인다. 엘리는 커피 한잔을 마시며 한옥의 아늑한 분위기를 한층 더 느껴 볼 수 있는 카페로 밤이 되면 알록달록한 조명으로 펍 느낌이 연출된다.

골목 끝에는 이곳에서 자리 잡은 지 20년은 족히 넘은 백반집 수련집이 있다. 낡고 허름해 보이지만 오히려 그것이 이 골목의 매력을 더한다. 청국장, 동태찌개, 김치찌개 딱 세 가지 메뉴로 수십 년을 유지해 온 노포다. 고봉밥과 반찬이 3500원이면 충분하다. 이곳 익선동 주민들을 단골로 하여 지금까지 마을과 함께하고 있다. 새로움에 대한 가치보다 옛 것에 대한 소중함을 느낄 수 있는 이 작은 공간들이 그 명맥을 유지해 갔으면 하는 바람이다. 수련집 옆으로 작은 골목이 있고 그 건너편에는 낙원장이, 그 안쪽으로 태국 음식점인 동남아가 자리 잡고 있다. 낙원장은 1980년대 지어진 여관이 부티크 호텔로 재탄생된 것이다. 익선다다에서 젊은 아티스트들과 협력해 객실을 꾸몄다. 1층은 카페 겸 로비이고, 객실에는 레코드플레이어를 두어 옛 분위기를 연출하였다. 동남아는 한옥 안에 태국 음식점의 분위기를 가미해 만든 인테리어가 돋보인다. 튀긴 닭고기를 간장 소스에 볶아 밥과 곁들인 '카이 팟 멧 마무엉'이 인기 메뉴다.

세 번째 골목의 더쉘프익선은 신발 브랜드 더쉘프의 익선점이다. 한옥을 개조하여 신발 브랜드 편집숍으로 활용한 것이다. 신발 제작 역사가 100년이 넘은 이탈리아의 수페르가(Superga), 영국의 골라(Gola) 등을 비롯해 스페인의 마이앙스(Maians)와 포토막(Potomac) 등의 전시 공간으로도 사용되고 있다. 더쉘프익선을 지나 조금 더 오르면 주민의 공간인 소통방이 있다. 대문 한쪽에 걸려 있는 우편함에 조그맣게 '주민소통방'이라고 적힌 작

이태리총각

낙원장

프앙디

동남아

은 글귀가 한옥 마을에 정감을 더한다. 이름 그대로 마을 사람들이 담소를 나누고 작품을 전시하는 공간으로 활용된다. 서울시에서 지원하는 역사인 문재생지역의 외부 단장 사업도 담당하고 있다.

신발 브랜드 편집숍 더쉘프익선

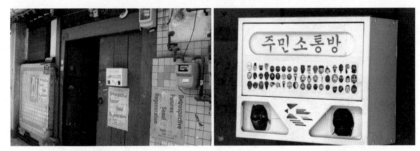

주민소통방

　또한 '어른이들을 위한 쉼터'라는 흥미로운 아이디어로 '만홧가게'라는 상호를 단 가게도 자리 잡고 있다. 이곳은 익선다다의 프로젝트 중 하나로 문을 열게 된 만화가게로 라면, 즉석밥 등을 시켜 먹으면서 만화책을 볼 수 있는 공간이다. 만화책과 한옥이 잘 어울리지 않을 것 같지만 내부는 젊은 취향에 맞게 모던하면서 깨끗하다. 만홧가게 맞은편에는 엉클비디오타운이 자리 잡고 있다. 한옥 안으로 들어서면 빨강, 노랑, 파랑 등 원색의 인테리어가 흡사 옛 비디오방에 방문한 듯한 느낌이다. 영화를 보는 무비 홀과 음료를 마시는 카페 홀로 분리되어 있고, 야간에는 옥상에서도 영화를 볼 수 있다. 에일 맥주를 파는 집 에일당(Ale堂)은 한옥과 맥주를 결합한 퓨전 맥줏집이다. 하루하루를 사랑하며 사는 집(애일당, 愛日堂)이라는 의미도 있다고 한다. 한옥의 원형을 보존하여 빈티지 느낌이 가득해 야간에 손님들이 가득 차면 꼭 잔칫집에 방문한 듯한 느낌이 든다. 동동주에 파전이 생각나게끔 하지만 엄연한 수제 맥주 전문점이다. 영국 전통 수제 맥주인 굿맨브루어리의 맥주도 판매하고 있으며, 커피와 디저트도 판매하고 있다. 마당플라워는 이름 그대로 꽃집 겸 카페다. 꽃들로 둘러싸인 한옥 마당은 정원에 가깝다. 드라마와 커피 광고 등의 촬영 장소가 되기도 했던 만큼 인기가 높다.

우측으로 돌아 가장 안쪽에 자리 잡은 네 번째 골목으로 들어선다. 두 명

만홧가게   엉클비디오타운

에일당   마당플라워

이 겨우 지나갈 정도로 그 폭이 매우 좁다. 앞의 세 골목과 달리 상업화되지 않아 오히려 아날로그적 감성을 느낄 수 있는 골목이다.

　전통 한옥의 멋을 그대로 살려낸 명가헌은 전통차 전문점이다. 당귀차를 비롯해 오미자차, 생강차 등 전통차를 판매하고 있으며, 감자전, 두부김치, 수육 등 전통 요리도 제공한다. 내부 인테리어를 모던하게 변형한 다른 한옥 상점들과 달리 명가헌은 전통 한옥 내부도 그대로 살려낸 것이 특징이다. 골목 중간에 자리 잡은 충신한복은 과거 한복집들이 많았던 익선동의 살아있는 증거다. 일제 강점기부터 해방 후, 현대사에 이르기까지 '익선동 한복집', '낙원동 떡집'이라는 말이 있었을 정도로 유명했다. 조선 후기 궁궐들이 해체되면서 궁녀들이 거리로 나오게 된 연유에서다. 멀리 떠나가지 못했던 궁녀들은 궁궐 근처에서 옷이나 음식을 만들어 생활하게 되면서 궁중 문화가 자연스럽게 거리로 전파되었다.

골목 끝에 구멍가게 하나가 남아 있는데, 성원슈퍼다. 거북이슈퍼는 청년사업가들이 외지의 방문객들을 유인해 소득을 창출하기 위한 목적의 사업 아이템인 반면, 성원슈퍼는 골목에서 동네 주민들과 함께해 온 삶의 공간의 일부다. 그래서인지 방문할 때마다 애틋한 마음이 든다. 성원슈퍼 만큼은 오랫동안 이 골목을 지켜나갔으면 하는 바람이다.

▲ 충신한복 ▼ 성원슈퍼

변화와 갈등 사이에 선
익선다다

익선다다는 2014년부터 창의적인 실험으로 익선동의 관광적 가치를 살려 왔다. 젊은 창업가들은 익선다다의 중개를 통해 익선동 골목을 창업 무대로 삼았다. 함께 문을 연 익동다방은 잘 알려지지 않았던 이곳을 창업공간으로 홍보하고 명소화하는 데 큰 역할을 담당했다. 한옥골목이 독특한 분위기의 카페와 레스토랑 등으로 채워지면서 젊은 방문객들의 유입으로 활기찬 분위기가 조성되었다.

익선동 골목 문화를 창조해 온 창업 중개소 익선다다

하지만 이 골목에 먼저 자리를 잡았던 상점들은 익선다다를 그다지 반기지 않는 모양새다. 집주인들은 임대료와 지가가 급등하고 있어 반기는 반면, 임대료가 급격히 상승하면서 부득이하게 이곳을 떠나야만 했거나, 이

지리교사의 서울 도시 산책

제는 떠나야만 하는 기존의 상점들은 익선다다가 정도를 넘었다며 반기를 든다. 심지어 2016년에는 그 규모를 더욱 확대하기 위해 '크라우드펀딩'의 일종인 P2P(Peer to Peer)를 통해 투자자를 모집했다. 유서 깊은 공간의 가치를 살리겠다는 가치를 담고 있지만 투자자들에게 8%의 이율을 보장하는 대출이다. 공간의 가치를 살리자는 것인지, 아니면 상업적인 이익을 위한 것인지에 대한 평가도 엇갈린다. 앞으로 이러한 사업을 확대해 나가겠다는 주장은 상업 자본의 행포로 묘사되고는 한다.

익선다다의 변화된 모습에 이곳에 들어온 청년 사업가들도 종종 불만을 토로한다. 몇몇 사업가들은 SNS 등을 통해 비판 성명을 내기도 하였다. 한옥 주거 공간이 상업 시설로 너무 변질되는 것이 아닌가에 대한 비판이다. 카페, 레스토랑을 넘어 한옥 주거 공간 안에 클럽까지 조성하고 있기 때문이다.

익선다다는 익선동에 새롭게 옷을 입힌 장본인이라는 점은 높이 평가받아야 할 것이다. 하지만 주거 공간과의 공생보다는 개인의 이익이 앞선다면 비판은 더욱 거세질 것이다. 익선다다는 익선동의 주인공이 아니라 지역 커뮤니티 안에 새롭게 들어온 이방인이자 손님이다. 본인이 먼저 지역 커뮤니티 안에서 동화될 시간이 필요하다. 이제는 달리던 발걸음을 잠시 멈춰 서서 자신이 지나온 길을 뒤돌아볼 때인 듯싶다.

그들의 불편한 동거는
가능할까?

수표로28길을 나와 종로1·2·3·4가 동사무소로 이어진 돈화문로11나 길에 들어선다. 닭매운탕집 오죽이네를 지나 좁은 골목에 들어서면 오른쪽으로 '한옥'이라고 간판을 단 한우 음식점이, 그 위로는 사단법인 도시행정발전연구소가 자리 잡고 있다. 좁은 골목길을 따라 10미터 정도를 오르면 '일석도 최할머님', '새로모신점집'이라는 상호에 시선이 사로잡히고 만다. 풍수가 좋은 궁궐 근교나 궁궐 터였던 곳들은 기가 모인 곳으로 점집이 많았던 장소성을 보여 준다. 꽤 오래되어 보이는 간판 경관이지만 일석도 최할머님은 이곳에서 20년 정도 점을 봐 왔다고 한다. 그 뒤로 새로모신점집도 여전히 간판을 달고 그 명맥을 유지해 오고 있다. 이곳에 밀집해 있던 점집들은 익선동 일대가 재개발 구역으로 지정되면서 임대료가 급격히 상승하자 대부분 문을 닫았다. 익선동에 남은 점집 간판 몇 개가 그 당시를 기억하고 있지만 이후로 얼마나 더 이 자리를 지킬 것인지는 알 수 없다.

점집

고려환전소

　그 옆으로는 네 번째 골목으로 이어진 명가헌이 자리 잡고 있다. 두 골목 사이의 공간이 좁다 보니 골목 사이로 일렬로 한 채씩 줄지어 이곳에 자리 잡은 한옥들은 양쪽 골목을 모두 이용할 수 있는 구조다. 명가헌에서 10미터 정도 더 오르면 녹기전에, 익선동121이 자리 잡고 있다. 카이스트 출신의 젊은 창업가가 운영한다고 해서 더욱 소문난 녹기전에는 젤라토 전문점이다. 새로운 젤라토를 개발하기 위해 원서를 봐 가며, 연구도 불사하는 상점으로 소문난 맛집이다. 30개가 넘는 재료에 메뉴만 해도 40개, 막걸리 젤라토, 오미자주 젤라토 등 참신한 메뉴를 만들었다. 익선동121은 출판사 대표와 콘텐츠 기획자가 만나 만든 퓨전형 음식점으로 상호는 익선동121번지에 위치하고 있다고 해서 붙여진 것이다. 한옥의 외형은 그대로 유지하고, 전면과 내부만 젊은 취향에 맞게 새롭게 꾸며 놓았다. 커리, 비빔밥, 취나물밥 등이 인기 메뉴이지만 때마다 메뉴가 바뀌는 것이 매력이다.

　이 골목의 마지막은 종로 동사무소 앞에 있는 고려환전소다. 고려환전소의 주인은 이곳에서 20여 년 동안 환전소 일을 해 온 할머니로 마을이 돌아

익선동121   녹기전에

가는 속사정을 꿰뚫고 있다. 환전소 일을 하면서 서촌에 작은 집 하나를 구입했을 정도로 벌이가 쏠쏠하지만 이 동네가 상업적으로 변해 가는 모습은 못내 아쉬운 모양새다. 외국인 관광객들도 많아져서 돈은 더 많이 벌지모르겠지만 수십 년을 동고동락했던 다른 상인들이 상승한 임대료를 감당하지 못하고 떠나버렸다며 푸념을 늘어놓는다. 시청과 구청에 민원을 넣어가며 매번 이런 문제를 이야기하지만 전혀 반영되는 것이 없다며 하소연하는 모습에 당신도 그들과 같은 입장이 될 것이라는 확신이 가슴 속에 강하게 못 박힌 듯하여 안타까울 따름이다.

화류 문화의 상징 공간,
서울 3대 요정을 만나다

　익선동 한옥마을, 그 작은 골목길을 따라 이어진 삼일대로28길로 나오면 종로세무서 앞에서 삼일대로30길과 서로 만난다. 세무서 맞은편으로는 비즈웰오피스텔이, 그 옆으로는 이비스엠베서더호텔이 들어서 있다. 이곳은 원래 오진암, 명월 등 종로 화류 문화의 공간으로 상징되는 요정들이 자리 잡고 있던 곳이었다. 일제 강점기 익선동 아래 돈의동을 중심으로 80여 개의 요정들이 거리를 메웠다. 당시 최고의 요정으로 불리던 명월(1921년)도 돈의동에 자리 잡았다. 해방 후 낙원자유시장에는 '텍사스촌'이 형성되었고, 이후 유흥 거리로 변화되었다. 1950년대부터 소위 집단 사창가인 종삼(鐘三)이 형성되어 돈의동 및 익선동 요정과 자연스럽게 연결되었다. 요정 주변에는 한복집과 악기점 등이 들어섰다. 음악을 연주하며, 판소리를 했던 요정집 기생들은 고종의 총애를 받았던 판소리 명창 송만갑 선생의 영향을 받았다.

비즈웰오피스텔(옛 명월 터)   이비스엠베서더호텔(옛 오진암 터)

　2010년 해체되어 전통문화공간 무계원으로 이전한 오진암은 삼청각, 대
원각과 함께 3대 요정으로 불렸던 곳이다. 오진암(梧珍庵)은 마당에 큰 오
동나무(梧)가 보물(珍)처럼 우뚝하게 서 있다고 해서 붙여진 이름이다. 일
반적으로 요정의 이름 뒤에는 '각(閣; 삼청각)'이나 '관(館; 명월관)'을 붙인
데 비해 오진암은 암자를 뜻하는 '암(庵)'을 붙여서 특별한 이미지를 부각시
켰다.

　오진암은 1950~1960년대 대하와 함께 종로 일대의 화류 문화를 이끌어
나갔다. 1968년 종삼이 철폐되자 사창가의 여성들이 요정으로 유입되면서
종로 일대는 요정 중심의 윤락가가 형성되었다. 1970년대 일본인 나비 관
광 붐으로 요정은 성황을 이뤘다. 당시 종로구에서만 오진암과 대하를 비
롯해 명월, 청풍 등 10여 개의 신진 요정이 모두 성업을 이뤘다. 박정희 정
권의 보호 아래 당시 서울의 요정은 비밀 요정을 포함해 100여 개에 달했
다. 정·재계 인사들이 매일 요정에 드나든다고 하여 '요정 정치'●라고 불렸

호텔 벽면에 전시된,
오진암에 대한 기록

이비스엠베서더호텔 앞에 자리 잡고 있는 한복점

을 정도다. 1974년 이후락 중앙정보부장과 북한의 박성철 제2부수상이 만나 7·4 남북공동성명을 논의했던 곳도 오진암이었다. 이후 경제가 어려울 때마다 사라질 위기에 처했던 요정들은 1990년대 초까지 불야성을 이뤘다. 이후 강남을 중심으로 서울 곳곳에 룸살롱 등 대형 유흥업소들이 생겨나면서 요정들은 그 기능을 잃게 되었다. 서울의 3대 요정이었던 대원각, 삼청각, 오진암도 그 기능을 잃고 각각 새로운 옷을 입게 되었다. 대원각은 길상사●●로, 삼청각은 공연장 및 한정식 집 등으로, 오진암은 전통 문화 공간으

● 북한산 3각(삼청각, 청운각, 대원각), 낙원동의 오진암과 한성(명월), 회현동의 회림, 종로의 옥류장 등이 대표적이었다.
●● 시인 백석과의 염문으로 유명했던 기생 김영한이 1951년 청암장을 매입해 운영하였다.

로 변화되었다.

오진암이 있던 자리에는 지금 이비스엠베서더호텔이 있다. 호텔 앞에는 종로 일대 요정들이 한창 잘나가던 시기부터 지금까지 남아 여전히 자리를 지키고 있는 몇몇 상점이 있다. 바로 요정과는 떼려야 뗄 수 없는 관계였던 서울한복, 이레자수, 은날개한복의상실의 세 한복점이다. 이들은 한옥 한 채를 세 칸으로 나눠어 서로를 의지하며 수십 년의 세월을 함께 보낸 이웃이다. 오진암과 대하 등의 요정들이 문을 닫으면서 종로 일대에서 요정과 함께했던 소규모 한복점들도 대부분 문을 닫았다. 세 한복점이 지금까지 버텨 온 것이 고맙다. 이제는 언제 문을 닫아야 할지 고민하는 세 한복장이들의 한숨에서 삶의 번뇌가 느껴진다. 익선동 골목의 옛 이야기를 담고 있는 가게들이 소리 소문도 없이 하나둘씩 사라져 갈 때마다 가슴 한 구석이 아려온다. 중소벤처기업부 백년가게, 서울시의 오래가게 육성 사업 등에서 다방면에 걸쳐 소상공인들을 지원하고 있지만 이런 가게들이 아직까지 선정되지 못했다는 점은 아쉽다. 일찍이 성업 중인 식당이거나 언론 매체를 통해 이미 많이 알려진 가게들보다 보존 가치가 충분함에도 위기에 직면해 있는 가게가 우선적으로 선정되어야 하지 않을까? 상품에 대한 작은 아이디어와 홍보, 약간의 재정 지원만으로도 익선동 한복점들은 지금까지 해 왔던 것처럼 꿋꿋이 어려움을 극복해 나갈 것이다. 이제는 익선동 지도 속에서 세 한복점이 그려내는 과거와 현재, 그리고 미래의 모습을 기대해야 하지 않을까?

칼국수 노포와
낙원동 아구찜

우리네 먹거리 골목이 형성된 돈화문화로11다길 일대

종로3가역 앞 돈의동과 익선동, 그리고 낙원동 일대는 최근까지 종로의 대표적인 맛집 골목 중 하나로 불려 왔던 곳이다. 그 첫 번째는 종로3가역 6번 출구에서 낙원동 방향, 돈의동과 익선동 사이, 돈화문로11다길이다. 희망상회와 신성자동차공업사 사이로 이어진 이 길을 따라 종로전집, 찬양집, 멍석집, 노들집, 종로할머니칼국수, 제주마방, 골목 끝에 있는 고창집까지 우리네 먹거리들로 가득하다. 특히 오랜 전통의 칼국수집인 찬양집과 종로할머니칼국수는 전국적으로 명성이 자자하다. 골목 초입에 자리 잡은 찬양집은 1965년부터 50여 년 동안 이곳에서 해물과 바지락으로 맛을 낸 칼국수로 인기를 얻은 맛집 노포다. 1988년 들어선 종로할머니칼국수는 멸치육수로 맛을 낸 신흥 맛집이다. 골목 끝 고창집에 다다르면 돈화문로11길, 돈화문로11나길과 서로 만나고, 각각의 골목은 또다시 맛집들로 이어진다. 진주대박집, 고창집, 광주집, 호남선, 마포갈비, 제주마방 등 지역명을 붙인 서민 음식점들로 문전성시를 이룬다.

두 번째는 낙원동 악기상가 건너편 삼일대로의 작은 골목, 낙원동 아구찜거리다. 1972년 이후 이곳에 아구찜 음식점이 하나둘 들어오면서 아구찜 골목이 형성되었다. 일찍이 마산 부두 노동자들이 즐겨먹던 것이 아구로, 그 보관 방법이 개선되면서 낙원동에서도 식당들이 생겨났다. 원조마산아구찜, 마산해물·아구찜, 마산아구찜, 옛날낙원아구찜 등 저마다 '원조'와 '마산'을 간판으로 내건 30년 이상 된 아구찜 노포들이다. 그 사이 삼일대로26길에는 모텔촌이 형성되어 있고, 종로황소곱창, 일미식당, 영일식당, 호반 등 종로 노동자들과 함께해 온 맛집들이 자리 잡고 있다. 특히 1961년 문을 연 한식집 호반은 60년이 다 되어가는 낙원동 맛집 노포다. 강굴, 우설, 낙지볶음, 병어찜, 대창순대 요리가 잘 알려져 있다. 풍천 하구에

40년 노포 희망상회

찬양집

종로할머니칼국수

한옥거리와 돈화문로11다길

낙원동 아구찜 거리

서 나는 서산강굴 요리는 이곳에서만 맛볼 수 있는 요리다. 9월에서 이듬해 4월까지, 벚꽃이 필 때만 먹을 수 있다고 해서 '벚굴'로 불리는데, 인기가 많다. 30년 전통의 일미식당은 국내산 재료에 인공조미료를 사용하지 않는 맛집 명소다. 밥과 함께 청국장, 오징어볶음, 제육볶음 등이 반찬으로 나오는 백반집으로 그 맛이 여러 매체에 소개되면서 문전성시를 이룬다.

일미식당, 영일식당, 호반

지리교사의 서울 도시 산책

락희거리는
과연 즐거울까?

종로3가역 5번 출구에서 수표로를 따라 20미터 정도를 걸으면 낙원동악
기상가다. 상가 초입에서 좌측으로 이어진 종로17길로 들어서면 도시 재생
으로 새롭게 탈바꿈한 거리 풍경이 펼쳐진다. 일명 '락희거리'다. 2016년 서

도시 재생으로 새로운 옷을 입은 골목 락희거리

울시에서 어르신신화거리로 조성한 골목이다. '락희'는 '럭키(lucky)'를 음차(音借)한 말이다. 한자로는 그대로 '樂喜'라고 쓴다. LG그룹의 모태가 되었던 것이 바로 락희상회다. 럭키치약이 선풍적으로 인기를 얻었기에 어르신들에게는 익숙한 이름이다. 탑골공원 북문에서 낙원상가에 이르는 약 100미터 정도의 골목을 옛 풍경으로 재현해 놓았다. 거리는 마치 장롱 속에

도시 재생으로 새로운 옷을 입은 락희거리

지리교사의 서울 도시 산책

서 수십 년이 지난 아버지 정장을 꺼내 말끔하게 차려 입은 모양새다. 스타 이발관, 고향집, 문화사랑방, 황태해장국 등 네온사인 하나 없는 예스러운 거리와 고동색 창틀, 당시 상영했던 영화 포스터 등을 보면 1970~1980년 대 드라마 속으로 들어온 듯하다. '락희거리'라는 이름을 단 영화를 상영하는 듯, 4층 건물의 한쪽 벽면에는 벽화가 그려져 있다. 영화의 각 장면을 뽑아 필름으로 담아낸 듯하다. 추억의 레코드 상점에서는 레코드와 CD, 카세트테이프까지 대중음악의 역사를 엿볼 수 있어서 즐겁다. 황태해장국에서는 해장국 한 그릇에 2000원이다. 얼큰한 국물 맛이 일품인데, 아직도 1980년대 가격 그대로 받는다는 사실이 더욱 놀랍다.

탑골공원 북문 앞 삼일대로에 다다르면, '전국노래자랑'의 주인공 송해를 그려 놓은 벽화가 방문객을 반겨 준다. 이 벽화를 배경으로 몇몇 방문객들이 기념사진을 찍는다. 탑골공원이나 남인사마당에서 건너오면 락희거리의 초입이다. 당시 세대들에게는 추억의 한 장면으로 손색없다.

탑골공원 북문 앞 거리는 사람들로 북적이지만 락희거리를 찾아온 이들은 거의 없어 보인다. 아직 많이 알려지지 않은 탓도 있겠지만 북문 앞에만 도착하면 바로 그 이유를 짐작해 볼 수 있다. 삼삼오오 모인 노인들이 공원 담벼락에 기대어 길을 차지하고 있는 풍경은 이곳의 일상이 되어 버린 지 오래다. 지저분하고, 고성이 오고가는 거리는 도시 재생으로 탈바꿈한 것이라는 사실이 무색할 정도로 여전히 시끄럽고 담배 연기로 가득하다.

이 또한 도시 재생으로 인한 새로운 갈등 양상을 보여 준다. 100미터 정도밖에 되지 않는 낙후된 골목을 재생을 통해 변화시키려 했던 노력은, 이곳을 만남과 휴식의 무대로 삼았던 노인들에게 불편함이 되었다.

이로 인해 갈 곳 없는 노인들과 방문객들 사이에 새로운 갈등이 발생하

공원 담장에서 담배를 피우고, 골목에
누워 방문객의 길을 막는 사람들

게 되었다. 물론 도심 속 공공 공간이 그 역할을 충실히 담당해 나가게 하기 위한 서울시의 재생 방향이 틀린 것은 아니다. 다만 도시 재생에서 쇠퇴하는 도시의 역량을 강화하기 위해 지역의 자원을 최대한 활용했는지는 의문이다. 디자인적 요소에 치중하여 외현적으로 드러나는 물리적 변화에 앞서, 재생 사업이 도시와 이를 이용하는 시민들에게 미칠 영향에 대해 깊은 고민을 했었는지 점검이 필요한 시점이다. 가장 중요한 요소는 그 공간 안에 살고 있는 사람이고, 이들이 만든 커뮤니티다. 지역 재생을 선도해 나가고 있는 서울시가 담고자 했던 재생의 의미를 이제는 다시 한 번 되새겨 봐야 할 때가 되었다.

지리교사의 서울 도시 산책

성소수자의 해방구에서
길을 잃다

동성 간의 사랑이 아직까지 우리 사회에서는 낯선 일이다. 그래서인지 동성애자에 대한 편견이 많이 남아 있다. 동성애자의 삶을 그린 영화 〈종로의 기적〉을 보면 게이로 살아가는 네 주인공의 일상생활에서 아픔을 느낄 수 있다. 영화는 성적 소수자들의 문화 환경을 만들어 나가기 위해 조성된 모임인 '연분홍치마' 프로젝트의 일환으로 만들어졌다. 그 무대가 하필 종로가 된 것은 종로3가 낙원동 뒷골목이 우리나라 게이 문화가 시작된 공간이기 때문이다.

1970년대 게이의 성지로 일컬어졌던 파고다극장, 그 사이로 하나둘 게이바가 조성되었고, 자연스럽게 게이 커뮤니티가 형성되었다. 한때 200여 곳에 달했던 게이바는 100여 곳으로 줄었다. 1990년대 이후 이곳에 있던 많은 상점들이 이태원으로 이전하였기 때문이다. 하지만 성소수자의 중심 공간으로 이곳 종로를 먼저 이야기하는 경우가 많다.

성소수자의 공간이 지워져 가는 종로에 꿋꿋이 남아 있는
하나비와 팝콘

　최근 익선동 한옥이 대중들에게 큰 인기를 얻으면서 변화하는 것이 이들에게는 달갑지만은 않은 모양새다. 서울시의 도시 재생 사업이 게이 커뮤니티를 위협하고 있기 때문이다. 서울시의 역사인문재생계획에 따르면 종로3가의 구성 요소로 게이 커뮤니티를 담고 있지 않다. 한옥마을, 금속, 국악 등만 있을 뿐이다. 그들의 공간이 지도 속에서 지워져 가는 것이다. 소외를 최대한 억제하는 방향으로 진행되어야 할 도시 재생이 오히려 성소수자들을 내쫓고 있는 형국이 되었다.

　전통문화의 공간에 들어온 성소수자, 이것이 지워져야 할 그림일까? 소소한 골목 안에 그려진 무지갯빛 풍경이 익선동의 새로운 모습은 아닐까? 리처드 플로리다(Richard Florida), 찰스 랜드리(Charles Landry), 사사키 마사유키(佐佐木雅幸) 등 수많은 창조도시 학자들은 성소수자들의 창조성을 높이 평가하였다. 성소수자를 의미하는 '퀴어(Queer)'가 본래의 의미인 '이상한', '색다른'이 아니라 그들의 창조성을 이야기하는 시대가 도래된 것이다. 조선 시대 궁중에도 동성애가 있었다. 그 시대의 성소수자들이 자신들의 권리를 무지개떡으로 표현했을지도 모른다는 발칙한 상상을 해 본다. 그런 의미에서 전통 공간에 포함된 성소수자들의 공간은 이질적이지 않다. 낙원동의 무지개떡이 무지개 깃발을 흔드는 퀴어 문화의 새로운 협력자가 되었으면 하는 바람을 담아 본다. '다다익선(多多益善)'이라는 사자성어의 뜻을 되새겨 익선동의 문화가 점점 더 다양해지고, 이러한 변화로 인해 점점 더 행복한 공간이 되길 바란다.

Tip

익선동, 역사인문재생계획의 중심 공간으로

창덕궁 앞 동네, 익선동이 이제 서울시 역사인문재생 계획의 중심에 서게 되었다. 2018년 서울시에서는 익선동 일대와 그 주변 종로1~4가, 낙원동, 돈의동 일대가 한양도성의 정치와 역사의 중심 공간이었다는 역사적 위상을 살려 재생 사업을 진행하기로 결정하였다. 돈화문로(조선 시대), 삼일대로(근대 전환기), 익선~낙원(근현대), 서순라길(현대)의 4개의 길을 따라 역사인문재생 사업이 진행되며, 그 면적은 약 40만제곱미터에 달한다.
먼저 조선 시대를 거슬러 오르는 돈화문로는 걷고 싶은 보행도로로 보행 전

① 돈화문로(창덕궁 앞)
② 삼일대로
③ 익선~낙원
④ 서순라길

서울특별시 창덕궁 앞 역사인문재생계획 구역
(출처: 국민일보, 2018)

용 거리를 조성하고, 창덕궁의 경관축으로 가로수를 정비한다. 근대전환기의 공간인 삼일대로는 3·1운동의 거점이었던 탑골공원의 원형을 복원하고, 탐방 및 투어 프로그램을 개발한다. 현대의 공간인 서순라길은 한옥을 개·보수하여 '한옥공방특화길'을 조성하고, 귀금속 상가 지역은 '가꿈가게 지원'과 '경관 사업' 등을 통해 거리 환경을 개선하여 공예창작거리로 변화시킨다. 이 거점의 중심에 근현대의 공간, 익선~낙원 지역이 있다. 앞으로 이곳은 낙원상가-돈화문로-서순라길을 이음과 동시에 의식주락(衣食住樂) 신흥문화를 재창조하게 된다. 이미 익선동과 낙원동은 젊은 예술가들과 창업가들이 들어와 자생적인 변화를 이끌어 내고 있다. 1968년 만들어진 주상복합건물인 낙원상가에는 옥상공원과 전망대, 텃밭 등이 들어서고, 하부 공간에는 보행로가 조성된다. 이와 연결되는 돈화문로11길은 낙원상가의 악기상과 연계해 예술가들의 자유로운 버스킹이 열리는 음악 거리가 조성된다. 이러한 변화의 중심에서 서울시의 역사인문재생사업에 100년 한옥마을, 익선동이 그 선도적인 역할을 담당하기를 기대해 본다.

도시 산책 플러스

플러스 명소

▲ 낙원상가
1969년 들어선 주상 복합 건물. 상가와 아파트를 함께 둔 최초의 복합 건물임. 1976년 2층을 악기 전문상가로 두면서 국내 최대 악기 상가로 변화됨. 4층에는 허리우드 클래식-실버영화관이 있고, 아파트 한가운데로 중정을 두고 있음.

▲ 종로귀금속거리
1970년대 예지동(예지동·묘동·봉익동 일대)을 중심으로 형성된 국내 최대 귀금속단지. 특히 1974년 지하철 1호선 개통으로 더욱 확대됨. 종로2·3·4가에 이르기까지 약 30000여 개의 소매업체가 있으며, 가공업소도 1500여 개에 달함.

▲ 탑골공원
우리나라 최초의 도심 내 공원으로 사적 제354호로 지정됨. 원각사라는 절이 있었으며, 1919년 3·1운동이 일어난 곳임. 1920년 파고다공원이라는 이름이 붙여졌으나 탑골공원으로 변경됨.

산책 코스

◎ 종로3가역 4번 출구 ⋯▶ 익선동 한옥골목 ⋯▶ 낙원동아구찜거리 ⋯▶ 낙원상가 ⋯▶ 락희거리 ⋯▶ 탑골공원 ⋯▶ 종로귀금속거리 ⋯▶ 종로3가역 11번 출구

맛집

1) 익선동
• 경양식1920, 송암한식, 익선동121, 골목간장게장, 찬양집, 종로할머니칼국수, 진주대박집, 고창집, 광주집, 호남선, 마포갈비, 제주마방

2) 낙원동
• 마산아구찜, 마산해물아구찜, 허리우드식당, 영일식당, 호반, 일미식당

3) 인사동
• 청진식당, 영빈가든, 인사동수제비, 최대감네

참고문헌

김명숙, 2004, 일제시기 경성부 소재 총독부 관사에 관한 연구, 서울대학교 석사학위논문.

구경하·김경민, 2014, 1920년대 근대적 디벨로퍼의 등장과 그 배경, 한국경제지리학회지, 17(4), pp.675-687.

국토교통부, 2012, 2012년 도시활력증진지역 개발사업 계획수립지침.

김백영, 2005, 식민지 도시계획을 둘러싼 식민 권력의 균열과 갈등: 1920년대 '대경성 계획'을 중심으로, 사회와역사, 67, pp.84-128.

오우근, 2013, 도시형한옥 주거지의 블록구획과 주거평면의 관계에 관한 연구: 익선동 166번지 사례를 중심으로, 건축역사연구, 22(3), pp.7-14.

윤이라미, 2017, 익선동 한옥주거지의 형성과정과 건축특성 연구, 한국전통문화대학교 석사학위논문.

이경아, 2016, 정세권(鄭世權)의 중당식(中堂式) 주택 실험, 대한건축학회 논문집, 계획계, 32(2), pp.171-180.

이경아, 2016, 정세권의 일제 강점기 가회동 31번지 및 33번지 한옥단지 개발, 대한건축학회 논문집, 계획계, 32(7), pp.85-96.

김경민·박재민, 2013, 리씽킹 서울, 서해문집.

김경민, 2017, 건축왕, 경성을 만들다, 이마.

신구의 조화가 만들어 낸, 해방촌

1945년 광복과 함께 실향민과 해외 동포들이 모여들면서 형성된 해방촌. 해방 이후 70년이 지났지만 여전히 옛 이름으로 불리고 있는 동네. 원주민 외에는 이곳을 찾는 이들이 별로 없었지만 해방촌의 한 구석은 미군부대와 이태원과 가깝다는 이유로 외국인들의 생활 무대가 되었다. 이국적인 상점들이 하나둘 거리에 들어서면서 해방촌은 조금씩 외지인들에게 알려지기 시작하였다. 더불어 이태원, 홍대 등에서 젠트리피케이션을 경험했던 소상공인들이 이곳으로 눈을 돌리고 젊은 창업가와 예술가들도 속속 자리를 잡으면서 해방촌에 활기가 넘쳐나게 되었다.

해방촌은 작은 변화들이 도시 재생을 이끌어 냈다. 스스로 이뤄 낸 재생의 원동력은 스웨터 산업을 근간으로 했던 해방촌 원주민과 새로 유입된 사업가들의 협력이었다. 수십 년 된 옛 가게와 새롭게 들어선 가게들이 서로 어우러져 하나의 풍경이 된다. 동반자로서 '함께의 가치'를 실천하며 높은 관용성을 보여 주는 해방촌은 한 발 더 나아가 젊은이들이 열정을 발산하는 해방구가 되어 주고 있다. 그 열정은 넘치는 것도 아니고, 이질적인 것도 아니다. 도시민이면 누구나 향유할 수 있는 문화 장르다. 이처럼 신구가 함께 어우러져 도시에 새로운 문화 장르를 조성한 해방촌의 변화는 도시 재생에서 화두로 떠올랐다. 도시 재생의 새로운 방향을 제시해 준 해방촌만의 숨은 매력을 찾아 도시 산책을 떠나 본다.

제2의 이태원,
해방촌을 가다

가로수 산책길이 펼쳐지는 녹사평대로 일대

녹사평역 2번 출구로 나와 고개를 들면 정면으로 남산 전경이 한눈에 들어온다. 미군부대 옆으로 이어지는 가로수 길, 수십 년은 족히 되어 보이는 가로수는 푸르름을 한데 머금은 듯 생기가 넘친다. 한 발 한 발 내디딜 때마다 일상의 시름이 저절로 씻겨 내려가는 듯하다. 5분 정도 걷다가 시선을 잠시 오른편 녹사평대로 너머로 돌려본다. 도로 하나를 끼고 있을 뿐인데 평온한 이곳 분위기와는 달리 꽤나 분주해 보인다. 목적지인 해방촌 입구에 다다르면 정면에 보이는 한신아파트를 중심으로 왼쪽으로 신흥로, 오른쪽으로 녹사평대로로 나뉜다. 이 분기점을 기준으로 왼쪽의 신흥로를 따라 남산 중턱까지 이어진 마을이 해방촌이다.

서울형 도시 재생이 선도적으로 추진되고 있는 도시재생활성화지역 중 하나인 해방촌의 법정동 명은 용산동2가동이다. 해방촌 앞 미군부대(용산동4가)도 용산2가동에서 관할하고 있다. 1955년 행정동제를 실시할 때 잠시 해방동으로 불리기도 하였다. 해방촌은 용산2가동 108 계단이 있는 후암동 일부와 녹사평대로 너머 이태원동 일부도 포함된다.

해방촌은 해방 후 귀환민과 월남인들이 한데 모여 살았던 곳으로 실향민들에게는 새 보금자리였다. 사제 연초제조업에 종사하던 주민들은 섬유산업의 발달로 대부분 스웨터를 만들며 1970~1980년대를 보냈다. 외지에서 왔다고 뜨내기로 여겨졌던 이들은 곧 마을의 주인이 되었다. 1990년대 이후 주민들은 점점 고령화되었고, 인구는 점점 감소했다. 이태원이 가까이 있어 외국인들이 유입되기는 했지만 골목은 점점 쇠락해 갔다. 2000년대 이후 서울의 부동산 가격이 전체적으로 상승하는 가운데에서도 해방촌의 지가 및 임대료는 크게 오르지 않았다. 그만큼 인기 없던 곳이었다. 2010년 이후 홍대, 강남, 이태원 등 서울 주요 상권의 인기는 오히려 허름한 해방촌에 기회로 다가왔다. 낙후된 골목이었지만 이태원, 명동뿐만 아니라 홍대, 강남 지역과도 접근성이 뛰어났다. 또한 저렴한 임대료는 그들에게 매우 매력적인 요인이었다. 상점과 공방이 골목에 하나둘 들어서기 시작하면서 해방촌을 찾는 방문객들은 점점 늘어갔다. 2012년 용산구에서는 해방촌 골목을 벽화로 꾸미는 '해방촌예술마을 사업'이 진행되었다. 담벼락에 아름다운 벽화를 그리고, 예술 작품을 설치해 벽화 골목으로 변화되었다.

해방촌 초입에 설치된 안내 표지판

해방촌이 '제2의 이태원'으로 입소문을 타기 시작하면서 이곳을 자신의 꿈을 실현시킬 무대로 삼으려는 젊은이들이 많아졌다. 아기자기한 공방과 카페를 비롯해 분위기 있는 레스토랑과 독특한 아이템으로 무장한 책방들로 낡은 주택 사이의 골목길은 새로운 옷을 입게 되었다. 2015년 지역 예술가들이 함께 모여 '해방촌 아티스트 오픈 스튜디오'라는 축제를 열면서 해방촌은 '예술마을'이라는 새로운 별칭도 얻게 되었다.

지리교사의 서울 도시 산책

실향민,
남산 기슭에서 터전을 일구다

빈 도시락마저 들지 않은 손이 홀가분해 좋긴 하였지만, 해방촌 고개를 추어오르기에는 뱃속이 너무 허전했다. 산비탈을 도려내고 무질서하게 주워 붙인 판잣집들이었다. 철호는 골목으로 접어들었다. 레이션 갑을 뜯어 덮은 처마가 어깨를 스칠 만치 비좁은 골목이었다. 부엌에서들 아무데나 마구 버린 뜨물이, 미끄러운 길에는 구공탄 재가 군데군데 헌데 더뎅이 모양 깔렸다. 저만치 골목 막다른 곳에, 누런 시멘트 부대 종이를 흰 실로 얼기설기 문살에 얽어맨 철호네 집 방문이 보였다.

– 이범선, 오발탄, 2007

'산비탈', '판잣집', '비좁은 골목', '시멘트 부대 종이' 등으로 묘사되는 동네, 바로 이곳이 해방촌이다. 일제 치하에서 해방된 후 수많은 동포들이 국내로 유입되었다. 이들은 대부분 서울, 부산 등 대도시를 터전으로 삼았다.

해방 후 약 90만 명이었던 서울 인구는 1949년에 145만 명으로 급증하였다. 3·8선 이북 지역에서 월남한 실향민도 꽤나 많았다. 대도시에는 정착할 만한 공간이 희박했기에 대부분 산기슭에 움막이나 판자촌 형태의 집을 짓고 살았다. 자연스럽게 마을이 형성되었고, 해방 후에 생긴 마을이라고 하여 '해방촌'이라고 이름 붙여졌다. 도심과 가까운 종로구, 용산구의 언덕배기에 여럿의 해방촌이 형성되었다. 용산구 용산2가동, 남산 아래 형성된 해방촌도 지금까지 그 명맥을 유지하고 있어, 그 이름 그대로 불리고 있다.

해방촌이 형성되기 전 이곳은 남산 기슭의 한 모퉁이여서 경사가 급하고, 나무가 많아 거주 공간이 형성되지 않았다. 일제 강점기인 1918년 이곳에 일본인을 위한 중학교가 설립되었고, 이후 그 한가운데 태평양 전쟁에서 목숨을 잃은 일본 군인을 위한 신사(해방모자원 자리)가 조성되었다. 현재 미군 기지 자리에는 일본군 기지가 있었고, 녹사평대로 너머 현재 이태원주공아파트와 남산대림아파트 단지에는 일본군 제20사단 사격장이 있었다. 해방 후에 이 공간들은 월남한 실향민이 점유하게 되었다. 미군정청

해방촌 위치

지리교사의 서울 도시 산책

이 통제하면서 실향민은 그 위로 이동해 움막 생활을 하면서 지금의 해방촌이 형성되었다.

이들의 정착 패턴을 보면 크게 두 가지 형태로 나뉜다. 하나는 초기 일본군 기지의 육군 관사에서 미군정의 퇴거 명령으로 쫓겨나 1946년 보성여고 자리 주변으로 이주한 경우다. 다른 하나는 평안북도 선천 출신 월남인들이 베다니전도교회(현 영락교회 근처)에서 천막 생활을 하다가 400여 가구가 신사 주변으로 이주한 경우다. 천막 하나에 5~6가구가 함께 거주하다가 이후 가구당 5~6평씩 토지를 나눴다. 각각 판잣집을 지었고, '선천군민회'라는 지역 공동체를 조직하였다(공윤경, 2014). 이들은 마을에 종교 및 복지, 교육 시설 등을 두고 결속력을 유지해 나갔다. 전쟁 당시 북한군으로 판

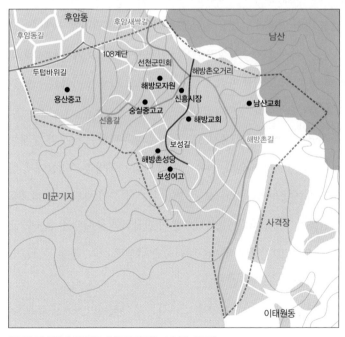

1950년대 해방촌 내 주요 시설 입지(출처: 서선영, 2009)

단한 미군 부대의 폭격으로 산산조각이 났었다.

6·25전쟁 이후 해방촌에 피란민까지 유입되면서 인구는 더욱 증가하게 되었고, 마을 규모도 더욱 확대되었다. 판잣집을 따라 자연발생적으로 만들어진 골목길은 구불구불할 수밖에 없었다. 판잣집에 상하수도, 전기, 도로 등 기반 시설이 갖춰지지 않았기에 생활은 불편했다. 하지만 멀리 한강이 보이고, 동남, 서남의 남향 사면에, 남산이 추위를 막아 주는, 서울에 이보다 더 좋은 곳은 없었다. 주민들은 사제연초를 만들거나 미군부대에서 일을 하면서 생활을 유지해 나갈 수 있었다.

1960년대 산업화가 진전되면서 서울로 상경하는 인구의 급증은, 해방촌도 마찬가지였다. 다른 지역에 비해 저렴한 집값도 중요한 요인이었지만 남산순환도로(1963년, 지금의 소월길) 및 남산 2호 터널(1970년) 등이 개통되면서 남산 너머 명동과 남대문 시장으로 이동하기가 편리했기 때문이기도 하다. 서울시에서 토지구획정리사업을 진행하면서 이곳 주민들에게 토지를 제공하였고, 그 토지를 따라 주택이, 그 앞으로 가로가 이어졌다. 이후 신흥교회와 용암초등학교가 세워졌다.

초기 사제연초제업에 주로 종사했던 해방촌의 주민들은 정부의 규제로 더 이상 일을 할 수 없게 되었다. 섬유 산업의 성장은 해방촌 주민들에게 새로운 일자리를 제공하였다. 소규모 공장이나 온 식구가 매달려 스웨터를 제작하는 편물업에 종사했다. 주민 대부분이 편물업에 종사했을 정도로 급성했다. 이로 인해 1970년대 해방촌은 더욱 분주해져 갔다. 봉제 공장들도 속속 자리 잡고, 시장도 커져만 갔다.

1970년대 남산2호터널의 개통으로 접근성은 좋아졌지만 도로를 두고 두 지역은 나뉘게 되었다. 하나는 용산2가동, 다른 하나는 이태원2동이 되었

해방촌에서 지금까지 남아 있는 단층의 단독주택(2017년)

1985년 다가구 합법화 이후 다세대 주택
경관으로 바뀐 해방촌

다. 1979년부터 시작된 해방촌재개발사업은 주민 자력 재개발로 시작되었고, 1990년대 들어서 95%의 주택이 새롭게 변화되었다. 단독주택으로 지어진 주택은 세대를 분리하여 임대가 이루어졌다. 불법이었던 다가구 거주 단독주택은 1985년 이후 합법화되었다. 단독 필지에 다세대 주택이 건축되었고, 다가구 주택도 새롭게 만들어졌다. 세월이 흘러, 이제는 해방촌에서 단층으로 된 단독주택을 손에 꼽을 수 있을 만큼 찾아보기가 어려워졌다.

전통 옹기 노포
한신옹기

신흥로 초입 왼쪽에 자리 잡은 미군부대, 그 담벼락에 기대어 우리 전통

옹기 수십 개가 차곡차곡 쌓여 있다. 설치 미술 작품이라 해도 믿을 만큼 정

용산 미군기지 담장 옆에 차곡차곡 세워진 우리 전통 옹기들, 설치미술 작품처럼 보이지만
옹기 노포인 한신옹기에서 세워 놓은 것이다.

지리교사의 서울 도시 산책

해방촌을 대표하는 노포인 한신옹기

● 잿물대신 광명단을 발라 구우면
옹기의 빛이 더했다.

감 있는 골목 풍경이 연출된다. 이 옹기는
해방촌의 살아있는 터줏대감, 한신옹기
가 진열해 놓은 것이다. 해방촌의 첫 문을
여는 한신옹기는 1967년부터 시작해 50
여 년간 옹기를 만들어 온 옹기 노포다.

이곳의 대표인 신연근(79) 할머니, 고
인이 되신 남편 한태석의 성과 자신의
성을 합쳐 '한신'이라고 이름 지었다. 처
음 용인에서 옹기 행상을 하다가 이곳으
로 올라와 30평의 땅을 사서 옹기 장사를
시작했다. 엄청난 인기를 끌었던 옹기는
1970년에 납이 함유된 유약을 사용해 문
제가 되었던 광명단(光明丹)● 사건으로
침체되었다. 인체에 무해하다는 판결이
나서야 조금씩 옹기 경기가 회복되었다.
요즘 옹기를 사용하는 집이 많지 않아서
임대료를 내기도 빠듯할 법한데 어렵지
않느냐는 질문에 할머니는 고개를 저으며 아니라는 표정을 지으신다.

"항아리는 미군들이 사가는 거여. 우리나라 사람들은 안 사지. 그리고 이
집이 내 집이라 월세는 내지 않아서 괜찮아."

할머니는 미군에게 항아리를 팔아서 6남매를 모두 키웠다고 말씀하시며
뿌듯한 표정을 지으신다. 내 건물이라 임대료 걱정을 하지 않아도 되니까,
평생을 옹기에 바치시겠다는 말씀에 함께 뿌듯해진다. 단순히 먹고 살기

위해서 시작한 옹기 팔이, 어쩌면 옹기를 파는 순간순간마다 우리 전통도 함께 알려 왔을지 모른다. 되지 않는 영어로 옹기를 설명하고, 그 가치를 알려 왔을 것이다. 옹기를 직접 만들지는 않더라도 옹기 장인이라 칭해도 무리가 없을 듯하다. 막상 미군부대가 떠나면 한신옹기가 어떻게 될지 걱정이 앞선다. 미군부대가 이전되더라도 이곳에 꿋꿋이 남아 해방촌 첫 문을 여는 상징적인 공간이 되었으면 하는 작은 바람을 담아 본다.

Tip

용산 미군기지의 주둔과 이전

남산 아래 용산에 외국 군대가 처음 머문 것은 고려 시대 몽고군 총감부가 주둔하면서부터이다. 일제 강점기에는 1910년 민족해방운동을 진압하기 위해 일본군 20사단이 주둔하였고, 8·15 광복 이후부터 미군이 접수하여, 보병 7사단이 주둔하였다. 1949년 철수하였다가 6·25때 돌아와 휴전 시기부터 용산기지 시대를 열었다. 총면적은 304만 6000제곱미터, '메인 포스트', '사우스 포스트', '캠프 코이어'의 3개로 구성되었다. 미8군기지의 주둔 이후 이태원은 환락가로 변했다. 서울의 중심 용산을 지나가는 도로 계획은 미군기지로 인해 변경되었다. 미군기지를 통과해 중구 남대문로로 이어지도록 계획했던 동작대교는 결국 우회할 수밖에 없었고, 지하철 4호선 역시 후암역을 만들려고 했던 종전의 계획을 우회경로인 숙대입구역으로 바꾸었다. 용산 공원화 계획으로 1992년 주한미군사령부의 골프장 부지는 용산가족공원으로, 육군 본부는 계룡대로 이전하였다. 2008년까지 평택기지로 이전하는 계획은 2017년(미8군 사령부 청사 개관)에 이뤄졌다. 용산기지 이전이 완료되면 이곳은 생태 공원으로 탈바꿈하게 된다.

지리교사의 서울 도시 산책

신흥로,
펍으로 밤을 열다

1970~1980년대 조성된 주택 경관이 뚜렷한 신흥로 일대

용산구 용산2가동부터 시작해 후암 동까지 이어지는 신흥로, 이태원과는 500미터도 채 되지 않고, 경리단길과는 도로 하나만을 경계에 두고 있어 두 지역의 영향을 직간접적으로 받고 있다. 신흥로를 사이에 두고 오른편으로는 한신아파트가, 왼편으로는 2~3층의 정도의 낡은 주택들이 차례로 줄을 선 듯 이어진다. 낡은 주택만을 보면 이미 재개발 구역으로 지정되지 않았을까 하는 의구심이 들지만, 1층에 들어선 상점들을 보면 별천지에 온 기분이다. 미8군

기지와 외국인 거주자들이 많다 보니 토스트몬스터, 스너그라운지, 더워크 숍, 피자오, 내평반(바), 보니스피자펍, 밤스버거, 필리스펍, 카사블랑카, 지니펍, 인투고, 치맥라이프, 알마토, 반미리까지 이국적인 분위기의 펍과 카페, 레스토랑 등이 이어진다.

한신옹기 뒤쪽 첫 번째 골목에는 고바우슈퍼가 자리 잡고 있었다. 33제곱미터(10평)가 채 되지 않았던 구멍가게가 한신옹기 다음으로 오래된 상점이었다. 30년이라는 세월 동안 이곳에서 미군이나 외국인들을 대상으로 물건을 팔아 왔었다. 가게 안에 양주, 맥주, 와인 등의 주류와 여러 가지 안주가 진열되어 있던 풍경이 이색적인 곳이다. 국내에 맥주와 양주들을 들여올 때 주류 수입사들이 경리단길의 우리슈퍼, 이태원의 한스스토어 등과 함께 테스트 마켓으로 삼았던 곳이었다. 모진 풍파 속에서 주인도 수차례 바뀌었지만 최근까지 유지되어 왔다. 그러나 결국 고바우슈퍼는 임대료를 견디지 못해 문을 닫았고, 그 자리는 지금 편의점으로 바뀌었다.

최근에 들어선 카페와 레스토랑 사이 30년의 전통을 자랑하는 레스토랑 동원경양식은 그나마 아직까지 이곳에 남아 있다. 외국인들을 주요 고객으로 했던 상점들 사이에서 꿋꿋이 내국인 입맛에 알맞게 만들어진 경

고바우슈퍼(왼쪽 사진)는 없어지고 편의점(오른쪽 사진)이 새로 생겼다.

　　　　　　　　　　　　　　지리교사의 서울 도시 산책

▲ 동원경양식
▼ 반미리

양식으로 승부하여 지금까지 운영되어 오고 있다. 대표 음식은 함박스테이크이다. 서양의 '햄버그스테이크(hamburg steak)'가 일본을 거쳐 국내로 들어오면서 일본식 명칭이 붙여진 것이다. 1988년 당시 시대상을 담았던 드라마 〈응답하라 1988〉에서 라미란이 동네 사람들을 초대해 대접한 고급음식 중 하나였다.

실험적인 아이템을 선보일 장소로 해방촌을 선택하는 젊은이들도 적잖다. 참신한 아이템으로 승부하여 외국인들뿐만 아니라 우리나라 젊은 고객층까지 사로잡은 밤스버거, 반미리 등이 그렇다.

동원경양식 옆에 자리 잡은 밤스버거는 해방촌을 대표하는 3대 수제버거집 중 하나다. 독특한 인테리어와 기발한 메뉴로 큰 인기를 얻고 있다. 대표 메뉴로는 3~4인용 버거인 '3차대전버거', 2인용 버거인 '핵폭탄버거'를 비롯하여 '이태원버거', '사세보버거', '치킨버거' 등을 선보여 젊은 고객들을 유혹하고 있다.

미국 출장길에서 맛봤던 베트남 샌드위치 '반미'를 잊지 못해 이를 창업 아이템으로 문을 연 '반미리' 샌드위치 가게도 인기다. 창업 초기 수시로 베트남을 방문해 다양한 향신료의 맛을 직접 체험해 보며 샌드위치를 준비했던 과정에서 사업에 대한 열정이 엿보인다. 고수와 파테 향이 가미된 베트

펍 거리가 형성된 신흥로 일대(지니펍)

남 샌드위치 '반미'를 선보이며 큰 인기를 얻었다.

거리는 맥주를 판매하는 펍이 주를 이룬다. 서로 전혀 다른 특유의 펍 아이템으로 방문객들을 유혹한다. 수제 칵테일과 갖가지 요리를 함께 즐길 수 있는 칵테일바인 스너그라운지(SNUG LOUNGE), 코젤, 필스너 등 다양한 종류의 생맥주와 병맥주, 칵테일을 맛볼 수 있는 더워크숍(THE WORKSHOP)은 외국인에게 더 알려졌을 정도로 인기 있는 펍이다. 그 위에 자리 잡은 보니스(Bonny's)피자는 여러 토핑과 치즈가 한가득 담긴 피자와 80여 가지가 넘는 세계 맥주의 조합으로 젊은 층을 사로잡고 있다. 수제 맥주를 전문점인 필리스펍(PHILLIS PUB)은 미국 필라델피아식 전통 치즈스테이크버거에 한강·금강 등의 국내 지명의 이름을 붙인 하얀 거품 넘치는 수제 맥주를, 지니펍(GENIE PUB)은 무화과, 전, 나초 등 다양한 안주와 함께 생맥주와 스파클링 와인을 선보여 인기를 얻고 있다.

지리교사의 서울 도시 산책

신흥로의 펍을 중심으로 매해 'HBC 페스티벌'도 열린다. 2006년 내국인이 아닌 외국인 거주 뮤지션들의 쇼케이스 공연으로부터 시작된 독특한 행사이다. 랜스 리건 딜과 제임스 게이너, 이 두 사람이 그 주인공이다. 이제는 국내 유명 인디밴드까지 참여하면서 해방촌을 대표하는 문화 축제로 발전하였다.

신흥로는 한낮이 되면 핫 플레이스라고 말하기 민망할 정도로 정적이 흐른다. 서쪽 하늘 아래로 붉은 노을이 내려오고, 땅거미가 지면서 평온했던 분위기가 조금씩 달아오르기 시작한다. 밤이 깊이지면서 거리는 자유로움을 만끽하려는 젊은이들로 북적거리고 펍은 불야성을 이룬다. 붉은 가로등과 카페 조명이 함께 켜지면 마치 뉴욕의 어느 거리에 와 있는 듯하다. 거리 곳곳의 카페 테라스에 앉아서 맥주를 마시는 풍경이 펼쳐진다. 삼삼오오 모여든 젊은이들이 함께 어우러져 술을 마시며 자유를 만끽하는 풍경은 이제 낯설지 않다.

문화 예술의 새로운 실험 무대
신흥로

얼마 전까지 펍과 카페, 레스토랑만을 볼 수 있었던 신흥로에 이제는 문화 예술의 공간도 하나둘씩 자리를 잡아 가고 있다. 작품만을 감상하는 데 그쳤던 기존 갤러리의 형태와는 다른 모습으로 젊은 고객들을 사로잡는 갤러리가 생겨나고 있다. 갤러리 카페 만랩나미브(10000LAB×NAMIB)와 독립 책방 ᄎ(치읓)이 그 시작을 열었다.

낡은 주택들 사이, 4층 신축 건물에 자리한 만랩나미브는 사진과 커피의 컬래버로 탄생한 갤러리 카페다. 스페셜티 커피 프랜차이즈인 만랩커피와 사진작가 남인근의 만남으로 문을 열게 되었다. 나미비아어로 '아무것도 없다'라는 뜻의 나미브는 작가가 직접 나미브사막을 여행했던 경험을 담아 지은 이름이다. 커피를 마시면서 남인근 작가의 작품을 감상할 수 있도록 만든 만랩나미브의 독특한 분위기에 커피 애호가뿐만 아니라 사진 애호가들도 즐겨 찾는 명소가 되었다.

단독 주택을 리모델링하여 문을 연 ㅊ(치읓)은 책방과 카페의 컬래버로 탄생한 독립 책방이다. '책, 차, 꽃, 친구를 천천히, 촘촘히' 나누고 싶다는 의미로 이름 지어진 ㅊ은 일반 도서뿐만 아니라 여러 독립 출판물도 함께 전시·판매하고 있다. 책을 테마로 하면서도 지역 작가들의 활동을 돕기 위해 2015년부터 '해방촌 아티스트 오픈스튜디오'를 개최하여 실외 공간에 예술 작품도 전시하고 있다.

만랩나미브

단독 주택을 리모델링한 독립 책방 ㅊ

신흥로 언덕길 따라
해방촌 오거리까지

종점약국에 다다르면 신흥로는 북서쪽으로 크게 휘감아 언덕길로 이어진다. 종점약국 앞으로는 '음악과선물'이라는 간판을 단 과일가게가 있다. 과일가게 이름 치고는 꽤나 참신한 상호는 예전 음악학원 간판 그대로다. 주인 할머니는 20년이 넘게 이 자리에서 과일가게를 운영하면서 간판을 새로 달아야 할 필요를 느끼지 못했다고 한다. 그냥 지나칠 법한 가게의 음악학원 간판이 오히려 행인들의 발길을 붙잡아 주기 때문이란다. 과일가게

종점약국

'음악과선물'이라는 옛 피아노 학원 간판을 단 과일가게

할머니는 상호에 관해 묻는 손님들이 불편하기보다는 반갑다고 한다. 옛 간판을 보니 문을 닫은 고바우슈퍼가 더욱 아쉽게만 느껴진다. 편의점으로 간판을 바꿔 달면서 옛 간판 하나 정도 남겨 놓았으면 어땠을까? 신흥로의 이야기가 담긴 고바우슈퍼 간판을 보면서 해방촌의 신구 문화를 함께 엿볼 수 있었으면 좋았을 텐데 말이다. 소상공인이라면 몰라도 골목 안으로 들어오는 대기업에서 운영하는 편의점과 프랜차이즈 카페가 이런 작은 역할이라도 해 주기를 기대해 본다. 골목 상권 침투가 아니라, 죽어가는 골목을 살리는 상생의 효과를 더욱 부각시킬 수 있을 듯하다.

해방촌 오거리까지 오르는 길은 짧은 거리임에도 한걸음 내디딜 때마다 발가락에 힘을 줘서 올라야 할 정도로 경사가 급한 언덕이다. 오르는 길에는 토스트프랑세, 어바웃, 미수식당 등 새로 들어선 음식점과 이탈리아 명품 가죽 브랜드 피네티 등이 자리를 잡고 있다. 신흥로 양쪽으로 작은 골목

계단이 많은 남산 아랫동네 해방촌

들이 거미줄처럼 이어진다. 그 사이로는 다가구 주택들이 다닥다닥 서로를 기대고 있다. 도로마저 끊겨 버린 계단 길 앞에 서는 순간 경사진 삶을 살아야 했던 해방촌 주민들에 대한 연민도 느껴진다. 마을 골목에서 빠져 나와 다시 신흥로를 따라 100미터 정도를 걸어 오른다. 해방촌 정상에 점점 가까워지면서 인테리어 가게, 미용실, 당구장, 순댓국집 등 마을 주민들과 함께해 온 상점들이 보이기 시작한다. 언덕 위에 오르니 해방촌 골목으로 이어진 다섯 개의 도로

해방촌 주민의 중심 무대인 해방촌 오거리 풍경

가 서로 만난다. 여기가 바로 해방촌 주민들의 주요 생활 무대인 해방촌 오거리다. 오거리 중심에는 용산2가동 주민센터, 파출소, 편의점, 빵집, 병원 등이 자리 잡고 있다.

걸어 올라온 신흥로는 반대편 언덕 아래로 계속 내려가면서 용산중학교까지 이어진다. 우측의 소월로20길은 남산으로, 신흥로와 소월로20길 사이 신흥로20길은 남산 소월로 아래 마을로, 좌측의 소월로20길은 신흥시장으로 각각 이어진다. 마을 뒤로는 명동이 있음에도 불구하고 서울 도심과는 꽤나 거리가 먼 동네처럼 보인다. 초록색 마을버스는 멈춰 서서 해방촌의 주민들을 기다린다.

금은방 앞 마을버스 정류장에서 동네 할머니들이 삼삼오오 모여 앉아 담소를 나누는 모습은 마치 시골의 한 읍내 장터 앞 풍경처럼 정겹다.

　　　　　　　　　　　　　　　　　　　　　　지리교사의 서울 도시 산책

새로 지어진 주민센터 외에는 대부분 수십 년은 때가 탄 건물들이다. 이곳에 둥지를 틀고 있는 상점들도 대부분 수십 년을 함께해 온 것들이다. 해방촌 오거리에서 요즘 것이라고는 편의점과 빵집 하나가 전부다. 오래된 가게들이 많다 보니 거리는 옛 간판 경관들로 색다른 볼거리를 제공한다. 해방촌 오거리 최고의 간판 경관은 뭐니 뭐니 해도 '대우판매장'이다. 색은 바랠 대로 바랬고, 검붉은 녹까지 슬어 버린 간판이 '세계는 넓고 할 일은 많다'고 했던 옛 대우그룹의 빛바랜 역사를 보여 주는 듯하다. 1980년대부터 시작해 지금까지 대우판매장이라는 간판 하나 달고 버텨 온 가게에서 40년의 이야기가 흘러나온다. 재계 서열 2위였던 대우가 외환위기를 넘기지 못하고 해체되었던 아픈 기억이 지금까지도 선하다. 여러 차례 고민했다가도 대우에 대한 진한 향기 때문에 지금까지 간판을 바꿔 달지 못했다는 가게 사장님의 안타까운 사연이 인상적이다. 하지만 앞으로 대우판매장이 언제까지 이어질지는 모를 일이다. 이 골목에서 오랫동안 살아남아 해방촌을 기억하는 하나의 장면으로 남게 되길 바란다.

아트마켓으로 변화하는
신흥시장

–

신흥시장은 용산구 용산2가동 40~79, 500~512번지에 자리 잡은 재래시장이다. 지도만 봐도 시장 내 건물은 주변의 다른 건물들에 비해 규모가 작은 것을 알 수 있다. 건물들을 조각조각 쪼개 놓은 듯한 모양새다. 시장의 규모도 그리 큰 것은 아니다. 지금은 시장다움이라고는 잘 느껴지지 않지만,

신흥시장 입구가 있는
신흥로 일대 경관

지리교사의 서울 도시 산책

● 미군 군용식량(C레이션) 박
스와 판자 등으로 만든 판잣집

알고 보면 이 작은 공간이 해방촌의 중심 무대였다. 1960년대 초 '하꼬방'●이라고 불렀던 판잣집을 허물고 벽돌 시멘트로 만들어 지붕을 얹힌, 당시에는 나름 세련된 시장이었다. 성립 초기부터 지금까지 해방촌 사람들은 이곳에 모여, 물건을 사고팔며, 이야기를 나누는 중심지의 역할을 해 왔다. 1990년대 시장을 찾는 손님들이 점차 줄어들면서 골목은 쇠락해 갔다. 시장 안에 설치된 낡은 슬레이트 지붕은 어둡고 칙칙한 분위기마저 조성했다.

그랬던 시장은 최근 변화의 옷을 입고 있다. 소월로20길을 따라 해방교회 앞에서 우측으로 이어진 작은 골목길을 따라 내려가면 시장 분위기가 사뭇 달라진다. 평남상회, 일성상회 등 옛 상점들이 여전히 남아 옛 추억을 이어간다. 미원, 맛나 등 오래된 간판을 그대로 두어 옛 감수성을 유지한 채 공방과 카페를 꾸며 방문객들을 사로잡고 있다.

신흥시장이 해방촌의 명소로 탈바꿈하는 데는 방송인 노홍철의 영향의 있다. 신흥시장 내 소규모 공장을 매입하여 독립 출판물 등의 독특한 책을 판매하는 서점을 개업한 그가 직접 책을 소개하고 판매하는 등 방문객들과 소통하면서 큰 인기를 얻게 되었다. 시장 안에 자리 잡고 있던 다른 상점들까지도 생기가 돌게 되었을 정도로 철든책방의 파급 효과는 상당

슬레이트 철거 및 정비(아케이드 지붕 설치)
지붕 부분 개방
도로 정비
📍 이벤트, 휴식 공간
📍 디자인 간판, 홍보 조형물
📹 폐쇄회로(CC)TV 설치

용산2가동

입구

입구
(계단)

입구
(계단)

도시재생
지원센터

입구(계단)

해방교회

신흥시장 재생 계획

했다.

2014년 문화도시연구소에서 '집짓기' 프로젝트의 일환으로 대학생들의 봉사와 후원으로 만들어진 '4평학교'를 비롯해 '무인쉼터', '안녕희' 등 해방촌도시 재생센터의 커뮤니티 공간도 설치되었다. 1970~1980년대 분위기를 간직한 상점들은 그 나름대로의 독특한 분위기를 연출하여 이를 보기 위해 찾는 이들도 많아졌다. 〈백종원의 골목식당〉을 비롯해 여러 방송 매체에서 다채로운 신흥시장의 풍경이 소개되면서 골목의 인기는 더해가고 있다.

신흥시장의 인기는 재래시장을 아트마켓으로 새롭게 태어나게 하였다. 아트마켓이란 신흥시장을 대대적으로 보수해 젊은 예술가와 함께 낡은 시장에 새 기운을 불어 넣고자 하는 계획이다. 기존 네 개의 출구는 유지하고, 시장을 덮고 있던 낡은 슬레이트 지붕을 걷어내는 대신 아케이드를 설치할 계획이다. 시장 내 빈 점포는 이곳을 원하는 예비 사업가들에게 저렴한 가격에 임대할 예정이다. 재생을 통해 시장 내 사용 가능한 유휴 공간을 확보해 시장에 새로운 활력을 불어 넣겠다는 목적이다.

임대료를 5년 이상 올리지 않는 조건으로 건물주에게는 3000만 원에 달하는 리모델링 비용을 제공한다. 구조를 변경하는 데 충분한 금액은 아니지만 큰 도움이 되리라 예상된다. 하지만 안타깝게도 이미 신흥시장 일대도 젠트리피케이션은 시작되고 말았다. 일찌감치 올라 버린 임대료와 새로운 상권의 출현 등으로 인해 신흥시장 일대의 상점 간판은 수시로 바뀌는 모양새다. 이는 최근까지 신흥시장을 중심으로 한 해방촌 일대의 지가와 임대료가 과도하게 상승하였기 때문이다. 2019년 철든책방을 운영했던 노홍철도 3년 만에 건물을 매매하고 떠나면서 상인들 사이에서 때 아닌 투기 논란까지 벌어지게 되었다.

골목 재생으로 활기를 되찾은 신흥시장 풍경

철든책방

스웨터에서 니트
특성화 거리로

신흥시장 초입, 1980년대 인기 만화 『공포의 외인구단』의 주인공인 '까치'가 그려진 '동화향우회' 간판이 눈길을 끈다. 으레 만화 사무실 정도로 짐작하고는 그냥 지나쳐 가기 일쑤지만 알고 보면 전혀 다른 곳이다. 지하 사무실로 이어진 계단으로 내려가기 전부터 요란하게 기계 돌아가는 소리가 들리는 이곳은 소규모 봉제 공장이다. 물레처럼 생긴 다섯 대의 기계가 수없이 돌아가면서 연신 실을 뽑아낸다.

용산의류, 거성미싱, 신발백화점 등의 상점이 자리한 2층 상가 건물에서도 연신 '드르륵', '드르륵' 재봉틀 돌아가는 소리를 내며 시장 골목을 흔든다. 상호 하나 제대로 달고 있지 않지만 십여 명 정도 근무하는 이 동네에서는 제법 큰 규모의 봉제 공장이다. 이처럼 해방촌에서는 장사가 잘되는 상가나 주택의 1층 공간을 제외하고는 대부분 니트를 생산하는 소규모 공장이 자리하고 있다. 핫 플레이스로만 알려진 해방촌 주민들의 생활 모습을

소규모 봉제 공장으로 사용되고 있는 향우회 사무실

신흥시장 내 상점의 2층 공간에 자리 잡은 봉제 공장

폐업한 사무실과 다세대 주택 지하 공간이 니트 공장으로 사용됨.

엿볼 수 있는 흥미로운 공간이다.

1970년대 해방촌이 편직물, 즉 스웨터 산업으로 떠오르던 당시의 분위기가 지금까지 느껴진다. 스웨터는 추운 북해지역의 해풍에 견디기 위한 방한복에서 유래되었으며, 주로 니트 소재로 두껍게 짜인다. 1980년대 들어와 시행된 교복 자율화로 인해 스웨터가 인기를 끌면서 이곳에서 돈 꽤나 만져 본 사람들이 많았다. 한 집 걸러 한 집씩, 마을 주민 대부분이 이에 종사할 정도로 많았던 소규모의 봉제 공장들은 이제 산업의 고도화와 인건비 상승으로 위험에 처하게 되었다.

대부분 문을 닫았지만 신흥시장을 중심으로 아직도 몇몇 공장들이 남아 있다. 4~10명 소규모 형태로 운영되는 니트 공장들은 해방촌에서 임대료가 저렴한 곳에 입지한다. 임대가 되지 않아 공장에 임대를 준 1층, 상대적으로 1층보다 임대료가 저렴한 지하, 또는 2층, 심지어 다가구 주택 안에도 공장은 자리를 잡고 있다.

니트 공장으로 인해 자연스레 골목마다 재봉틀 수리점과 판매점도 한 두 개씩 자리를 잡고 있다. 간판에 적힌 상호는 재봉틀이라는 표준어 대신 '미싱'인 경우가 대부분이다. 선스타, 유니콘, 브라더 등의 재봉틀부터 시작해, 각종 의류 산업의 부자재를 판매하고 있다.

이처럼 해방촌의 니트 산업은 소규모의 공장, 재봉틀 수리점과 판매점, 의류 부자재 판매점이 상호 연계되어 산업의 기반을 이루었다. 또한 해방촌 주민들은 니트 산업에서 필수적인 노동력을 제공해 왔다. 니트 산업은 이들에게 삶을 꾸려나갈 수 있는 힘이 되어 주었고, 반대로 이들은 니트 산업이 발전해 나갈 수 있는 원동력이 되어 주었다. 서울시에서도 그 중요성을 인식하고, 니트 산업을 해방촌 도시 재생의 주요 지원 사업으로 선정하였다. 해방촌에 새로운 산업을 이식시키는 것이 아니라 마을의 오랜 산업 기반이었던 니트 산업을 육성하여 기존 공동체 유지 및 발전에 우선을 둔 것이다. 또한 니트 산업의 기반 위에 예술 공방과의 결합으로 신상품을 제작하고 판매해 나가면서 새로운 일자리를 창출하고, 지역 활성화에 기여하고 있다.

주민협의체를 통한
마중물 사업의 실천
–

　현대사에서 해방촌이라는 공간이 현재 사업가와 예술가의 유입으로 변화된 것은 사실이다. 이처럼 해방촌이 생기발랄한 옷으로 갈아입을 수 있었던 데는 주민들과 지자체의 협력이 밑바탕에 깔려 있었기 때문이다.

　해방촌의 도시 재생 사업 이전 2008년부터 해방촌에서는 빈집을 활용한 대안 운동이 진행되었다. 경제적 여유가 없는 젊은이들에게 열린 공간으로 주거 공동체를 만들어 준 것이다. 해방촌의 특성을 살려 내국인뿐만 아니라 외국인 노동자들과도 공유할 수 있었다. 2010년 공동체 구성원들이 출자를 통해 협동조합인 '우주살림협동조합', 자본을 공유하는 마을금고인 '빈고', 소통을 위한 카페 공간인 '빈가게'를 조성하였다. 그리고 해방촌 마을 구성원들과 함께 마을 기업인 '빈공작소'를 설립하게 되었다. 이러한 변화의 움직임을 통해 2013년 서울시 공간 조성 지원 사업에 선정되었다.

　민관의 협력적 토대 위에 해방촌은 2015년 서울시 도시재생 선도 지역으로도 선정될 수 있었다. 용산구에서는 도시 재생의 실천을 위해 도시재생 주민협의체가 출범되었고, 도시재생지원센터도 개설되었다. 주민협의체의 경우 거주민을 비롯해 세입자, 피고용인, 외국인, 학생 등 약 400여 명에 달하는 구성원이 참여하였다. 이 중 52명이 공동체, 주거, 경제의 3개 분과 운영위원회를 조직하였고, 마중물 사업의 기반을 마련하였다. '물이 나오지 않을 때 깊은 곳의 물을 끌어내기 위해 제일 처음 붓는 물'을 뜻하는 마중물처럼 주민협의체가 재생의 물꼬을 열어 나갔다. 볼로냐, 빌바오, 리버풀, 헬싱키, 뒤셀도르프, 요코하마, 가나자와 등의 성공 사례에서처럼 도시 재생에서 민관의 협력이 중요하다는 사실을 인식했던 것이다.

먼저 운영 위원들은 주민협의체 구성원들이 제시한 아이디어를 수렴하고, 총괄계획가와 해당 전문가, 관련 공무원 등이 참석한 각 분과별 회의를 통해 의견을 개진하였다. 이후 관계법에 기초하여 검토한 결과를 담당 공무원이 주민협의체에 재설명하고, 토론과 조정을 통해 필요 사업을 도출하였다.

최종 도출된 8개 사업은 ① 신흥시장 활성화 ② 공방·니트산업 특성화 지원 ③ 해방촌 테마가로 조성 ④ 안전한 생활환경 조성 ⑤ 녹색마을 만들기 지원 ⑥ 주민 역량 강화 지원 ⑦ 마을공동체 규약 마련 ⑧ 주민공동이용시설 조성이다. 이에 한 발 더 나아가 2016년 민관의 협력과 연구 협력을 위해 서울시와 용산구, 주민협의체, 동국대 간 공동협력 협약이 체결되었다. 마중물 사업은 도시 재생에서 협력적 거버넌스의 성공 사례라고 평가할 만하다.

서울시에서는 5년간에 걸쳐 약 100억 원의 사업비를 지원하고 있다. 특히 해방촌의 중심인 신흥시장의 '아트마켓'을 특화해 지원하고 있다. 이를 통해 청년들의 창업을 도와 일자리를 창출해 나가고 있으며, 신흥시장을 관광 명소화하여 전통시장 활성화를 돕고 있다. 이러한 노력의 결과로 2019년 '제15회 대한민국 지방자치 경영대전'에서 용산구는 해방촌 도시 재생 사업으로 국토교통부 장관상을 수상할 수 있었다.

해방촌의 역사를 간직한
후암동 108 계단

평안북도 선천에서 내려온 피란민의 안식처 역할을 했던 종교 공간들이 있다. 바로 해방교회, 해방촌성당이다. 1947년 이곳 언덕 위에 세워진 해방교회는 보성학교와 함께 이곳의 상징적인 건물이었다. 일찍이 기독교 선교

해방교회

해방촌성당

사들이 들어와 교회와 학교를 세웠고, 광산 개발과 무역업으로 성장했던 도시였다. 해방 후 400여 가구가 내려왔고, 그 중심에 미국 북장로회에서 설립한 해방교회가 있었다. 당시 멀리서도 보였던 교회 첨탑은 해방촌의 상징이었다. 해방교회가 평북 선천군민의 문화를 형성한 것이다. 당시 교회 건물은 사라졌지만 1990년에 중건하여 지금에 이른다.

휴전 후 해방촌에 개신교 신자뿐만 아니라 천주교 신자들도 증가하였다. 이에 1954년 본격적으로 천주교 신자들을 위한 성당 건립 계획이 수립되자마자 즉시 설계 및 공사에 들어가 1955년 해방촌성당이 완공되었다. 이후 여러 차례 걸쳐 증축과 개축이 진행되었다가 1983년 신축 후 지금의 모습을 갖추게 되었다.

신흥로5길 초입, 해방촌 가장 높은 곳에는 보성여중·고등학교●가 자리 잡고 있다. 하늘빛을 따라 푸른색으로 칠한 외관은 해방촌 초입 녹사평대로에서든, 남산

> ● 1906년 이용익이 종로구 견지동(지금의 조계사 터)에 설립한 보성학교와 다른 사립학교이다. 당시 백송과 회화나무가 남아 있다.

소월로에서든, 해방촌 어느 곳에서도 볼 수 있는 건물이다. 이 학교의 110년이 넘는 전통에는 우리 민족운동의 수난사가 담겨 있다.

110년 전통에서 민족운동의 수난사를 보여 주는 보성여중·고등학교

지리교사의 서울 도시 산책

그 역사를 거슬러 올라가 보면 1907년 휘드모어, 세릴로스 등 미국 북장로회 선교사들과 국내 신도들이 중심이 되어 평북 선천에 세운 학교가 바로 보성학교다. 초대 교장에는 미국 선교사 주이스(한국명 최미례)가 취임하였고, 소학교 졸업생●을 대상으로 산

● 소학교 졸업생이 아닌 학생들도 선발해 예비과를 두어 가르쳤다.

술, 성경, 한문, 작문, 역사, 지리, 과학, 윤리 등의 교과목을 가르쳤다. 1915년 일제의 종교 의식 금지조치에 따르지 않으며, 고등보통학교로 승격을 거부하였다. 3·1운동 당시 1회 졸업생인 차경신을 중심으로 대대적인 시위를 벌였고, 이후 신사참배 거부 등 항일 운동에 앞장서면서 1942년 경영권을 박탈당하기도 하였다. 1950년 서울로 옮겨와 재개교하였고, 6·25전쟁으로 부산까지 옮겨갔다가, 1955년 지금의 위치로 이전하게 되었다.

낡은 계단 길에서 새로운 디자인을 입은 후암동 108 계단

후암동 용산중·고등학교에서 해방촌 방향으로 신흥로, 다시 신흥로36번 길을 따라 오르면 108개의 계단과 마주하게 된다. 이곳이 '후암동 108 계단' 이다. 후암동에서 계단을 오르면 용산동으로 바뀐다. 108 계단을 중심으로 마을 곳곳에 벽화가 그려지고 조형물이 설치되어 해방촌 방문객들이 즐겨 찾는 코스 중 하나가 되었다.

사실 일제 강점기인 1943년, 후암동 108 계단 위로는 일제 강점기 호국 신사 본전이 있었다. 해방 후에는 천막촌이 형성되었고, 6·25전쟁 당시에 는 이곳을 인민군 막사로 착각해 폭격 을 당하는 아픔도 겪었다. 전쟁 후인 1954년 성동구 신당동에 있었던 숭실 중학교●가 이곳에 자리 잡기도 하였다. 산업화 시기에도 이곳은 서울의 가난한 동네였고, 언덕 위의 삶은 만만치 않았 다. 이범선의 『오발탄』과 강신재의 「해 방촌 가는 길」에서 묘사되었던 그 까맣 고, 붉은 비탈길의 여운이 이곳에서 느 껴진다.

주민들은 시장, 학교, 주민센터 등을

골목 산책 명소로 자리 잡은 후암동 108계단

● 1897년 미국 북장로교 선교사 베어드 박사가 평양 사택에서 첫 문을 열었고, 이후 1901년 학교를 신축하여 '숭실학당'이라고 명명하였다. 1948년 서울시 성동구 신당동에 학교를 재건하였고, 1954년 용산구 용산동에 학교를 신축하였다. 이후 1979년 은평구 신사동에 중학교 신축해 이전하였다. 시인 윤동주, 소설가 황순원 등을 비롯해 애국가 작곡가 안익태, 독립운동가 조만식이 이 학교 출신이다.

방문할 때 여전히 이 계단을 이용한다. 지금도 계단을 오르내리는 것이 그들에게는 힘든 일이다. 그나마 다행스럽게도 해방촌 도시재생사업으로 이곳에 경사형 엘리베이터가 설치되었다. 서울시 주택가에서는 처음 진행된 사업이다. 노령화되어 가고 있는 해방촌 주민들에게 큰 힘이 되어 줄 것이라 믿는다. 서울특별시에서 이 계단을 서울 미래유산으로 지정하였다. 해방촌의 역사를 간직한 공간으로 다시 태어나게 된 만큼 그 가치가 여러 사람들에게 전해졌으면 하는 바람이다.

독립서점들,
속속 해방촌으로

근현대의 시대적 유산을 간직하고 있으면서도 다양성과 관용성이 공존하는 해방촌 골목에 자리 잡은 카페와 음식점들도 각각 개성이 넘친다. 각자의 개성을 살린 커피와 요리로 방문객을 유혹하는 곳들 가운데 빈티지한 인테리어, 커피콩을 직접 볶아 내린 커피, 신선한 사과 등의 과일 음료와 모히토 등 독특한 아이템을 선보이는 콩밭커피로스터가 있다. 바삭바삭한 감자튀김을 잔뜩 올린 감자피자로 소문난 이탈리아 음식점 알마토, 린다커피와 아이스커피가 독특한 향을 내는 카페 린다린다린다, 유기농 제주 당근으로 만든 당근 케이크로 인기를 끌고 있는 해크니, 버섯피자와 한우라구 파스타, 봉골레 등 이탈리아 음식으로 식객을 유혹하는 레스토랑 노아, 지리산 돼지고기로 만든 스테이크 레스토랑 리얼맥코이 등이 있다.

이태원에서 해방촌으로 자리를 옮긴 꽃집 비바베르데, 세탁소와 카페를 함께 운영하는 국내 1호 세탁방 카페인 라운더리프로젝트, 향수 및 디퓨저,

▲ 콩밭커피로스터　▼ 노아　　　　　▲ 리얼맥코이　▼ 꽃집 비바베르데

디퓨저 전문점 프레젠트프로젝트　　　인디언 액세서리 전문점 히피니즈

캔들 등을 판매하는 프레젠트프로젝트, 인디언 액세서리 제작 공방 히피니
즈 등이다. 골목 곳곳에 프랜차이즈 카페와 레스토랑이 차지한 지역과는

달리 해방촌은 독특한 아이템으로 골목의 다양성이 살아나고 있다.

이러한 모습은 카페에만 국한된 것은 아니다. 해방촌은 갤러리, 공방, 독립서점 등 다양한 문화 예술 공간도 함께 자리를 잡아 다채로운 골목 풍경이 펼쳐진다. 이는 도시학자인 리처드 플로리다가 말했던 것처럼, 다양한 분야에서 종사하는 창조 계층의 유입으로 '지역의 질'이 우수해지는 과정을 여실히 보여 준다.

특히, 해방촌에는 다른 지역에 비해 독립서점이 많다. 노홍철의 철든책방을 비롯해 문학 전문 서점 고요서사, 복합 문화 서점 별책부록, 독립출판물 전문 서점 스토리지북앤필름, 환경 도서 전문 서점 그린마인드 등이 그것이다.

2015년 문을 연 고요서사는 독서가 안기는 '내면의 고요'와 시인 박인환이 운영했던 서점 마리서사에서 그 이름을 따왔다. 시, 소설, 에세이 등 문학 서적 전문으로 인문, 사회, 예술 등의 영역으로 넓혀 가고 있다. 문학을 좋아하는 젊은 사장이 직접 읽고 선정한 도서들을 다룬다. 유명 작가의 작품에서부터 시작해 최근에는 독립 출판물까지 판매한다.

아날로그 감성이 물씬 풍기는 독립서점인 별책부록은 문화 예술 분야 관련 도서를 전시 및 판매한다. 드로잉, 일러스트 등 디자인 관련 도서와 여행 관련 도서가 주를 이룬다. 〈CAST〉라는 영화평론집을 발행하고 있으며, '작가와의 시간' 등을 통해 독자들과 교류하고 있다. 충무로에 자리 잡고 있던 스토리지북앤필름은 국내에서 만들어지는 독립 출판물을 전시하고 판매한다. 〈워크진〉이라는 사진 잡지를 발행하고 여행 에세이와 사진 관련 콘텐츠를 전시한다. 독립 출판물 외에도 감성적인 소품, 소규모로 발매되는 음반도 판매한다. 작은 서점이자, 문화 공간으로서 해방촌에서 제2의 도전을

지리교사의 서울 도시 산책

문학 전문 독립서점 고요서사   독립 출판물 전문 서점 스토리지북앤필름

하고 있는 셈이다. 홍대에서 해방촌으로 이전한 그린마인드는 환경 문제를 주제로 한 독립서점이다. 감성적인 이야기를 담은 책을 전시 및 판매하고, 사진과 소소한 일상을 그린마인드라는 환경 잡지에 담아 소개한다.

이와 같이 젊은 사업가와 예술가들의 실험적인 아이템을 선보이는 장소로 해방촌이 인기를 얻으면서 자연스럽게 서울의 핫 플레이스로 떠오르게 되었다. 주변의 이태원과 경리단길, 회나무길이 그랬던 것처럼 이러한 인기는 부동산 가격 및 임대료의 급격한 상승을 초래했다. 2010년대 초반, 3.3제곱미터당 1000만 원 정도 하던 상가 건물이 2016년 4000만~5000만 원으로 급상승하였다. 주택의 경우에도 2015~2016년 1000만 원 정도가 올랐다. 서울시에서 나서서 5년 동안 임대료 상승을 막는다고는 하지만 그 효과가 지속될지는 알 수 없는 노릇이다.

해방촌을 찾아온 젊은 열정이 임대료 때문에 사그러들지 않도록 지속적인 노력이 필요하다. 이곳의 한 공방 주인은 공방의 수입으로는 임대료도 남기기 어렵다는 말을 전한다. 외주 작업을 맡아야만 생활을 할 수 있을 정도이니 말이다. 어쩌면 '창의적인 일=높은 수익'이라는 등식이 성립한다는 창조 계층에 대한 인식은 이제 지워져야 할 때이다.

평면도와 입면도 사이, 인문학길 소월로

해방촌 오거리 오른쪽으로 이어진 소월로20길을 따라 20미터 정도 오르면 남산 중턱에서 소월로와 만난다. 소파로, 장충단로 등과 함께 남산순환도로의 한 축인 소월로는 남산과 매봉산 사이 한남동 흥국주유소에서 시작해 후암동을 지나 중구 숭례문 오거리까지, 약 3.7킬로미터에 이르는 구간이다. 외국인 아파트와 불가리아 대사관, 이탈리아 대사관, 슬로바키아 대사관 등이 자리 잡은 한남대로, 이태원 거리로 이어지는 이태원로, 그랜드 하얏트서울호텔이 자리 잡은 회나무로44길, 알제리 대사관, 필리핀 대사관이 있는 곳이다. 또한 요즘 핫 플레이스로 떠오르고 있는 경리단길, 회나무로와 이어지는 소월로40길, 해방촌으로 들어가는 소월로20길, 후암동으로 이어지는 두텁바위로 등의 거리 명소와 이어진다.

소월로라는 도로명은 「진달래꽃」, 「엄마야 누나야」라는 작품으로 우리에게 친숙한 시인 김소월의 이름에서 연유한다. 우리 민족 고유의 정서를 보여 주는 작품을 남긴 민족 시인으로 '김정식'이라는 본명보다 그의 호인 '소월'로 더 유명하다. 그는 일찍이 1915년 평안북도 정주의 오산고보●에서 조만식과 김억을 만나 문학을 접하게 되었고, 1920년『창조』에 작품을

해방촌에서 바라본 남산

소월로에서 바라본
마포구 일대

소월로에서 바라본
이태원동과 한남동

발표하면서 활동을 시작하였다. 1923년 일본 도쿄상과대학에 입학하였다가 관동대지진 이후 귀국하면서 중퇴하게 되었다. 여러 사업의 실패와 빈곤한 삶 속에서 작품 생활을 하다가 향년 32세로 생을 마감했다. 그의 작품은 수많은 가곡의 가사로 붙여졌고, 한국인들의 가장 애송하는 시가 되었다. 김소월을 기념하며 그의 시비가 이곳에 세워졌다. 1925년에 간행된 시집 『진달래꽃』에 수록된 「산유화」라는 작품이다.

산에는 꽃 피네
꽃이 피네
갈 봄 여름 없이
꽃이 피네.

산에서 우는 작은 새여
꽃이 좋아
산에서
사노라네.

산에
산에
피는 꽃은
저만치 혼자서 피어 있네.

산에는 꽃 지네
꽃이 지네
갈 봄 여름 없이
꽃이 지네.

저 멀리 떨어져 혼자서 핀다는 작가의 심정에서 깊은 여운이 느껴진다. 자연의 순환을 미적으로 표현하고 있지만 자신과의 거리가 멀어 보인다. 아름다워 보이지만 본인은 그 아름다움을 취할 수 없다는 마음을 담고 있는 듯하다.

소월로에서는 독특한 형태의 버스정류장도 만나볼 수 있다. 작품으로서

소월로 앞에 조성된
아트버스쉘터

의 예술성과 쉼터로서의 기능을 가미한 버스 정류장, 일명 '아트버스쉘터 (Art Bus Shelter)'다. 국내외 방문객들이 즐겨 찾는 산책로라는 특성을 살려 공공 프로젝트의 일환으로 2011년 진행된 사업으로 소월로 산책로를 따라 버스정류장 5곳에 아트버스쉘터가 조성되었다. 김소월의 생을 담아 설치된 작품들로 일반 시민과 디자이너, 건축가의 협업으로 탄생한 것들이다.

남산도서관에는 건축가 최순용의 '회화적 몽타주'가, 후암약수터에는 조각가인 주동진의 '남산의 생태'를 주제로 한 작품이, 하얏트호텔에는 일본인 작가 스가타 고의 '쉼표, 또 다른 여정'의 작품이 조성되었다. 보성여중고 앞 정류장에는 조각가 김재영이 아날로그적 감성을 담아낸 텔레비전을 형상화한 작품 '휴식'이, 그 건너편에는 포자를 날리는 균을 형상화한 이중재 작가의 작품 '마뫼부해'가 조성되었다. '마뫼'는 남산의 옛 말이고, '부해'는 사람에게 이로운 균을 의미한다. 정류소 명판은 시민들이 보내 준 손 글씨 작품 중에서 선정된 것이다.

이렇게 남산 산책로를 따라 걷다가 남산3·2호 터널을 지나 회오리처럼

평면도와 입면도 사이에 서 있는 듯한 회나무13길 주변 주택 경관

녹사평로 육교 위에서 바라본 해방촌

구부러진 소월로38길을 따라 내려온다. 건물 1층이 옆 건물의 2층과 나란한 경사진 길이다. 벽 전체를 노란색으로 칠한 베트남 음식점 레호이에서 회나무로13길과 서로 만난다. 이곳에 서서 회나무13길을 따라 그 위로 보이는 주택을 바라보고 있으면 마치 평면도와 입면도, 그 사이에 서 있는 듯하다. 멀리서 볼 때면 평온한 평면도처럼 느껴졌던 그들의 삶이, 그 속으로 가까이 들어가서 보니, 저마다 다른 깊이와 높이를 가진 입면도였다는 사

지리교사의 서울 도시 산책

실을 실감하게 된다. 남산의 산허리를 온몸으로 감싸 안은 동네가 더 아름답게 느껴지는 이유이다.

젠트리피케이션(둥지 내몰림)을 방지하기 위한 서울시의 노력

2010년 이후 본격적으로 젠트리피케이션이 도시 문제로 대두되면서 서울시는 다각적인 노력을 기울여 오고 있다. 먼저 2015년 서울시 산하 도시재생본부가 출범하였다. 10개 과에 약 200명이 근무하며, 2500억 원의 예산을 사용하는 거대한 조직이다(2018년 기준). 서울시는 대학로, 인사동, 신촌·홍대·합정, 북촌·서촌, 성미산마을, 해방촌·세운상가·성수동의 6개 지역을 대상으로 젠트리피케이션을 방지하기 위해 종합 계획을 수립하였다. 젠트리피케이션 방지를 위해 임대료 인상 자제, 영세소상공인과 사회적 기업을 위한 마중물 설치, 노후상가 리모델링·보수 비용 지원, 소상공인을 위한 법률지원단 운영, 장기안심상가 운영, 사회적 공감대 형성 등의 7대 종합 계획으로 젠트리피케이션 방지의 첫 모델이 되었다. 당시 성동구가 전국 최초로 지역공동체 상호협력 및 지속가능발전구역 지정에 관한 조례를 제정하였다.

2016년 서울시는 장기안심상가 조성, 임차상인 자산화 지원, 도시재생지역의 임차상인보호 등을 담은 '경제민주화 특별시'를 선언하였다. 이는 2015년 7대 종합 계획을 구체화하여 실질적인 시행 계획을 담은 것이다. 낙후된 도심을 재생하는 과정에서 원주민이 도심 밖으로 내쫓기는 젠트리피케이션 현상을 막기 위한 맞춤형 대응책이었다.

서울시 중구, 도봉구, 서초구, 마포구, 강북구, 서대문구 등이 '지역상권 상생협력에 관한 조례'라는 이름으로 젠트리피케이션 방지 조례를 제정하였다. 하지만 조례는 강제성이 없기에 상생협력을 어긴다고 해도 현실적으로 처벌할 수 없는 한계가 있었다. 또한 주민협의체를 통해 선별한 업체의 임대인의 재산권 침해 논란 문제도 있어 현실적인 대안이 되지는 못했다.

2017년 서울시는 '도시재생 젠트리피케이션 대응 TF(태스크포스)·자문단'의 실무 회의를 본격적으로 진행하게 되었다. 경제기반형, 중심시가지형, 근린재생형 등 도시재생사업의 분야별로 나누어 업무를 진행하였다. 해방촌 신흥시장의 경우 '젠트리피케이션 방지를 위한 상생협약'을 통해 임대료를 6년간 물가 상승분만 반영해 동결 유지하였다.

2018년 서울시는 젠트리피케이션으로 인한 피해를 예방하기 위해 주요 상권의 표준임대료를 조사해 발표하는 방안을 모색하였다. 정부의 상가임대차보호법 개정과는 별도로 서울시에서 소상공인을 보호하기 위한 방안을 마련한 것이다. 법적 강제성은 없지만 표준임대료를 투명하게 조사하고 발표하여 임대인이 임대료를 무분별하게 올리는 것을 사전에 예방하기 위함이다. 또한 젠트리피케이션을 막기 위해 서울시에서 조성하는 지역거점인 앵커 시설을 확충해 나갔다. 신촌에 문화발전소를 조성해 예술가를 위한 갤러리, 소공연장, 연습실 등으로 활용하고 있고, 대학로에 연극종합시설을 조성해 소극장, 레지던스, 소상공인을 위한 상점 등으로 활용한다.

도시 산책 플러스

플러스 명소

▲ 남산 서울N타워

1969년 TV와 라디오 방송을 수도권에 송출하기 위해 세워진 우리나라 최초의 종합 전파탑. 현재는 서울의 대표적인 복합 문화 공간이자 랜드마크로 자리 잡음.

▲ 전쟁기념관

1990년대에 육군본부가 충청남도 계룡대로 이전하면서 그 부지에 지은 전쟁기념박물관. 대한민국 육군 제7보병사단과 수도기계화보병사단이 처음 창설된 곳임.

▲ 경리단길

국군재정관리단 정문부터 그랜드하얏트호텔 방향으로 이어지는 길과 주변 골목으로 맛집과 특색 있는 상점이 자리 잡고 있음.

산책 코스

◎ 1코스: 숙대입구역 ⋯ 용산고등학교 ⋯ 후암동 108 계단 ⋯ 소월로 ⋯ 해방촌 오거리 ⋯ 신흥시장 ⋯ 해방교회 ⋯ 신흥로(해방촌 펍 거리) ⋯ 한신옹기 ⋯ 경리단길 ⋯ 녹사평역

◎ 2코스: 서울역 ⋯ 문화역서울284 ⋯ 서울로7017 ⋯ 백범광장공원 ⋯ 두텁바위로 ⋯ 후암동 108 계단 ⋯ 신흥시장 ⋯ 해방교회 ⋯ 해방촌 오거리 ⋯ 소월로 ⋯ 남산 서울N타워

맛집

1) 신흥로 주변

• 보니스파자펍, 자코비버거, 미수식당, 쿠촐로, 반미리

2) 해방촌 오거리, 신흥시장

• 다모아식당, 고창집, 코스모스, 오랑오랑, 카페김동률, 오리올, 더백푸드트럭, 노아

3) 우리마트–해방촌 오거리 사이

• 꼼모아, 미수식당, 왕십리왕곱창, 복마루

참고문헌

공윤경, 2014, 해방촌의 문화변화와 공간의 지속가능성, 한국사진지리학회지, 24(2), 21-
37
박지일, 2014, 해방촌 재개발을 위한 Prototype 제안, 건국대학교 건축전문대학원 석사학
위논문.
서덕수, 2005, 용산2가동 환경친화적 재개발 계획, 서울대학교 환경대학원 환경조경학과
석사학위논문.
서선영, 2009, 해방촌의 지속가능한 물리적 요소에 관한 연구, 한양대학교 석사학위논문.
이문웅, 1967, 도시지역의 형성 및 생태적 과정에 관한 연구: 서울특별시 용산구 해방촌
지역을 중심으로, 서울대학교 석사학위논문.

산업 공간의 재생, 성수동

　세월의 때가 묻은 주택과 빛바랜 간판들, 그 사이로 세워진 전봇대와 얼기설기 얽혀진 전선들, 어수선한 골목 풍경이 일상이 되어 버린 공간, 바로 성수동이다. 노후한 거리 풍경과 분주한 일상이 펼쳐지는 가운데 사람 사는 냄새가 물씬 풍기는 공간이다. 아날로그적 감성과 예술적 상상력이 조화를 이루며 재생이라는 새로운 옷을 입은 성수동으로 산책을 떠나 본다.

　구두 공장과 가죽 공장을 비롯해 자동차 정비소, 인쇄소, 철공소 등 공업 지역이었던 곳이다. 수십 년의 세월이 흘러 골목은 허름해졌고, 특별할 것이 없어서 사람들에게 관심받지 못하는 곳이었다. 그런데 성수동 거리가 요즘 새롭게 떠오르고 있다. 공장 지대 사이로 이어진 골목 곳곳에 활기가 넘쳐나고 있기 때문이다. 기존의 구두 장인들이 운영하는 공장들과 젊은 패기로 새롭게 등장한 구두 공방들이 조화를 이룬다. 그 틈바구니로는 독특한 분위기의 카페와 레스토랑들이 하나둘 자리를 잡아 가고 있다.

　예술가들의 작업실과 갤러리를 비롯해 개성 넘치는 상점들까지 낡은 골목은 지금 변화의 시도들이 꿈틀대고 있다. 이제 성수동 거리는 '슈 스팟', '한국의 브루클린'이라고 불릴 만큼 인기 있는 명소로 탈바꿈되었다. 낡음의 미학을 선보이는 대표 공간으로 소개되기까지 성수동은 어떻게 새로운 옷을 입을 수 있었을까? 과연 성수동은 도시 재생의 새로운 대안이 될 수 있을까? 궁금증을 안고 성수동 재생의 현장을 방문해 도시 재생의 바람직한 방향을 찾아보고자 한다.

-

고가 철교
위와 아래

-

지하철 2호선에서 핫 플레이스로 급부상한 동네가 있다. 바로 성동구 성수동이다. 지하철 2호선의 지상 구간에 있는 동네로, 지상 구간은 강남에서 한강을 건너 강북으로 향하는 고가 철교 구간이다. 성수역과 용답역 사이를 이어 주는 장안철교는 오래된 시간만큼이나 녹슬고 바랬다. 철교 아래 놓인 도로와 그 너머에 자리 잡은 상가 건물도 별반 다를 게 없다. 사이사이에 새로 들어선 고층 빌딩마저 없었다면 성수동은 30년 전의 시간에 멈춰 버린 동네로 보였을 분위기다.

이처럼 낡은 거리 풍경 속에서도 최근 골목 곳곳에서 작은 변화들이 꿈틀대고 있다. 누구도 찾지 않을 것만 같았던 낡은 공업 지역은 이제 누구에게나 열린 창의적 실험 무대가 되고 있다. 먼저, 쇠락해 가던 성수동의 수제화 산업은 국내 최고의 수제화 장인들과 톡톡 튀는 젊은 창업가들이 만나 새로운 창작 무대를 열고 있다. 우수한 기능에 젊은 감성을 담은 디자인을

2호선 성수역과 용답역 사이를
이어 주는 고가 철교

성수역 수제화 전시 공간

접목시키면서 성수동은 다시 한 번 수제화의 성지로 발돋움할 수 있게 되었다.

성수동 수제화의 명성은 수제화 거리의 중심 무대인 성수역에서부터 만나볼 수 있다. 성수동을 찾는 방문객들에게 성수동 수제화의 가치를 홍보하기 위해 역사 2층을 전시 공간으로 조성하였다. 먼저 성수역 2층에는 '수제화 산업의 메카로서 성수동 이야기'라는 주제로 수제화를 만드는 동네 성수동의 이야기가 전시되어 있다. '구두지움'의 테마에서는 우리나라 수제화 역사를, '슈다츠'에서는 성수동이 수제화의 메카가 된 이유를, '구두장인공방'에서는 수제화 제작 단계를, '다빈치구두'에서는 구두와 관련된 창조적 세계를 이야기한다.

성수역 1번 출구로 나가면, 프롬에스에스(from SS), 서울성수수제화타운(SSST), '구두와장인'이라는 작은 간판을 단 수제화 전문점이 하부 교각 사이에 자리 잡고 있다. 2013년 서울시에서 성수동의 수제화 산업 활성화를 위해 조성한 공간이다. 고가 철교 아래 유휴 공간을 활용하여 지역을 대표하는 장인 산업을 소개하고 판매하는 공간으로 변화시켰다.

7개의 매장이 규격화된 디자인으로 이어진 프롬에스에스는 수제화 공동 브랜드 매장이다. 매장 안에는 수십 켤레의 구두가 진열되어 있고, 제작 중인 수백 개의 구두가 쌓여 있다. 지자체 인증 브랜드로, 유명 브랜드 업체에 납품을 주로 하고, 20만 원 안팎의 가격에 직접 판매도 한다. 상담을 통해 발 치수를 재고, 디자인과 소재를 직접 골라 자신만의 아이디어를 담은 신발을 제작할 수 있다. 수제화 제작에 필요한 것은 '라스트(Last)'라고 불리는 신발 틀, 가죽 손질 작업 시 사용하는 고슬, 가죽 작업을 돕는 재봉틀, 실과 바늘이 전부다. 그다음부터는 오롯이 장인의 몫이다. 수제화 명장(名匠) 1호도 이곳에 자리를 잡았다. 초등학생 때부터 시작해 55년 이상 구두만을 만들었던 인물이다. 일흔이 넘은 나이에도 불구하고 여전히 섬세하면서도 빠른 손놀림을 보여 준다. 가장 힘든 작업 중 하나인 일정한 간격의 무늬까지도 직접 만들어 내는 모습에서 진정한 수제화 장인

프롬에스에스(from SS)

서울성수수제화타운(SSST), 구두와장인

의 모습이 엿보인다.

일반적으로 수제화는 몇 가지 단계를 거쳐 제작된다. 먼저 신발 틀인 라스트를 깎는다. 다음으로 라스트에 테이핑을 하고, 테이핑 한 라스트에 디자인을 한다. 다음으로 라스트에 디자인된 입체의 형태를 패턴지에 그리는데 이것을 패턴메이킹이라고 한다. 패턴메이킹을 마치면 가죽 겉면에 패턴을 올려놓고 패턴의 외곽선을 그려서 재단한다. 다음으로 구두 윗부분 가죽을 재봉질하는 갑피 작업을 한다. 다음으로 라스트에 구두의 창을 튼튼하게 하기 위해 겉창 속에 한 겹을 덧붙이는 가죽인 중창을 붙인 후 갑피를 씌우고, 굽을 부착한다. 완성된 제품을 점검한 후 이상이 없으면 상품으로서 판매한다.

이와 같은 일련의 과정을 순서대로 진행한다고 해서 좋은 신발이 만들어지는 것은 아니다. 장인의 솜씨와 정성이 가장 중요하다. 이렇게 완성된 구두는 신데렐라의 유리 구두처럼, 그 구두를 신게 될 단 한 사람만을 주인공으로 만들어 준다.

살곶이벌과
뚝섬으로 불렸던 곳

성수동은 성동구의 한 동명으로, 법정동은 성수동1가, 성수동2가다. 성수동이라는 지명은 조선 시대 임금이 궐 밖으로 나와 말과 군대의 사열을 관리했던 정자인 성덕정(聖德亭)의 '성'과 뚝섬 수원지●의 '수'를 합쳐서 지어진 것이다.

<table>
<tr><td>● 1907년 우리나라 최초로 서울에 수도를 놓기 위해 만들었던 뚝도 수원지가 있었다. 현재 서울유형문화재 72호로 지정되어 있다.</td></tr>
</table>

성수동은 한강과 중랑천이 만나는 큰 벌판으로 조선 시대에는 화살이 박힌 곳이라 하여 '살곶이벌', 또는 '전관평(箭串坪)'으로 불렸다. 함흥에서 돌아오는 태조 이성계를 맞이하기 위해 태종 이방원이 마중을 나갔을 때 이성계가 이방원을 보고 활시위를 당겼는데 화살이 그를 피해 박힌 살곶이(箭串, 전관)에서 연유하였다.

살곶이벌은 한강과 중랑천이 만나 큰 범람원이 형성되었고, 폭우가 내리면 일시적으로 섬이 되기도 하였다. 태조 때부터 임금의 사냥터로, 군사 훈련을 검열하던 장소로 사용되었다. 또한 장안평과 함께 말을 관리했던 목마장이 있었고, 주로 자마(雌馬, 암말)●를 관리하였다. 당시 군대가 사열할 때 둑기(纛旗)를 세우고, 둑제(纛祭)를 지냈다하여 '둑섬', 또는 '뚝섬'으로도 불렸다.

『해동지도』에서는 독도(纛島)로 표기되어 있고, 『신증동국여지승람』에는 "세금을 거두는 관내는 광주의 압구정(押鷗亭)과 두모포, 독도(纛島, 뚝섬)의 몽뢰정(夢賚亭), 한강의 서빙고(西氷庫)이다."라고 기록한 것으로 보아 '둑도', 또는 '독도'로도 불려 왔음을 알 수 있다.

한강을 끼고 있던 뚝섬은 오랫동안 목재상들의 하항 기능을 담당했다. 그 안에 펼쳐진 범람원에서는 대규모 벼농사가 이루어졌다. 일제 강점기인 1930년대 경성부의 청량리 일대가 경공업 지대로 성장하면서 인구가 급증하여 그 대안 지역으로 뚝섬이 부각되었다. 당시 왕십리역에서 뚝섬을 잇는 약 3.4킬로미터의 기동차 선로가 개설●●되면서 계획은 서로 맞물려 갔다. 결국 뚝섬 일대는 경성부에 편입되었고, 도시 계획도 수립되었다. 하지만 이후 도시 계획이 부결되면서 뚝섬은 근교 농업의 풍경 속 판자촌으로 남게 되었다. 일본인들은 뚝섬의 역사를 보존하려는 조선인들의 계획을 막고, 그 일대를 유원지로 변화시켰다. 한강을 기반으로 했던 하항 기능은 1940년대 후반까지 유지되었다. 한국 전쟁 후 성수동 일대에 공장들이 들어서기 시작하였고, 1960년대 이후 준공업 지대가 형성되었다.

● 제주도에서 길렀던 말이 서울에 올라오면 숫말은 마장동으로, 암말은 자양동과 모진동으로 보내졌다.
●● 1931년 노선은 동대문 밖까지, 이후 광장리역까지 연장되었다. 가솔린으로 자가 동력을 해야 했던 노선은 전기 동력을 사용하는 전차로 변화되었다.

한편, 1954년 서울경마장이 이곳에서 문을 열었다. 이 경마장은 1989년 과천에 경마장이 생기기 전까지 운영되었다. 1968년 44타석의 연습장과 3개의 코스로 이루어진 골프연습장도 조성되었다.

성수동의 행정구역도 여러 차례 변경되었다. 조선 시대에는 한성부 남부 두모방(豆毛坊) 전관1계·전관2계 등에 속하는 지역이었다. 1911년 경성부 두모면 전관동이 되었다. 1914년 경성부 두모면의 독도1계와 양주군 고양주면 자마장리 일부를 병합하여 경기도 고양군 독도면 동독도리(東纛島里)가 되었다. 독도2계는 서독도리가 되었다. 1949년 서울시 성동구에 편입되었으며, 1950년 성수동은 성수동1가, 성수동2가의 두 개 법정동으로 바뀌었다(국토지리정보원, 2008).

성수동의 공간적 범위는 동쪽으로는 동일로를 경계로 광진구 자양동과 접하고, 서쪽으로는 중랑천을 사이에 두고 응봉동과 접한다. 중랑천을 가로지르는 용비교 너머 야트막한 응봉산(95.4미터)이 솟아 있다. 남쪽으로는 한강이 흐르고, 성수대교와 영동대교로 인해 강남 지역과 접근성이 뛰어나다. 북쪽으로는 중랑천을 사이에 두고 행당동, 송정동과 나뉜다.

성수1가동은 동의 한가운데를 지나는 분당선이 동서로 나눈다. 서울숲

서울경마장 골프장(출처: 한국마사회, 스포츠동아)

지리교사의 서울 도시 산책

성수동의 공간적 범위(성수동1가, 성수동2가)

역 서쪽으로 서울숲공원이 동의 대부분을 차지한다. 공원과 인접하여 최고급 주상 복합 아파트로 손꼽히는 한화갤러리아포레●가 있고, 서쪽 끝으로 철거가 예정된 삼표산업●● 성수공장이, 북쪽으로는 뚝섬유수지체육공원이 자리 잡고 있다. 역 동쪽으로는 대형 아파트 단지와 학교, 주택지가 조성

● 총 2개 동, 45층, 총 230세대, 초대형 평수로만 구성된 초고층 주상복합아파트다. 2011년 완공된 당시 아이파크삼성, 타워팰리스 등을 제치고, 가장 비싼 아파트로 선정되었다. 이수만, 김수현, 인순이, 지드래곤, 한예슬 등 연예인 마케팅이 성공한 아파트로 알려졌다.

●● 삼표그룹의 모태인 강원산업이 1972년 지금의 부지를 구입하고, 1977년 삼표레미콘 공장을 설립하였다. 1997년 외환위기를 겪으면서 강원산업이 현대제철(당시 인천제철)에 인수·합병되었고, 이후 삼표산업은 이 땅을 임차해 사용하게 되었다. 2006년 현대자동차그룹이 글로벌비즈니스센터 부지로 개발하려는 계획을 잡기도 하였다. 2017년 ㈜삼표산업(공장)과 ㈜현대제철(부지 소유주)이 삼표산업 성수공장을 이전 및 철거하기로 결정하였다. 22,924제곱미터, 약 80%의 면적은 현대제철이, 4904제곱미터, 약 20%의 면적은 국공유지다. 이 부지에는 2022년까지 수변문화공원과 함께 ㈜포스코의 후원으로 과학문화미래관이 들어서게 된다.

산업 공간의 재생, 성수동

철거가 예정된 삼표산업 성수 공장

되어 있다.

　성수2가동은 동서로 이어진 지하철 2호선이 동 한가운데를 지나면서 남
북으로 나눈다. 준공업지대로 여러 공장들이 모여 있고, 그 사이에 아파트
단지가 자리 잡고 있다. 신규 아파트 단지가 조성되고 있는 곳에는 전통 시
장인 뚝도시장과 이마트 본사, 이마트 성수점이 자리 잡고 있다.

Tip

골프장·경마장에서 '서울숲'으로

서울특별시 성동구 뚝섬로 273 일대에 있는 서울숲은 한강과 중랑천 사이에 조성된 대규모 도
시 공원이다. 서울에 뉴욕의 센트럴파크와 같은 도시 숲을 만들겠다는 '뚝섬 숲 조성 계획'에
따라 총공사비 2500억 원을 들여 2005년 완공되었다. 1156제곱킬로미터의 규모로 월드컵
공원, 올림픽공원에 이어 서울에서 세 번째로 큰 공원이다. 친환경적 요소가 강조된 공원으로
104종 42만 그루의 나무를 식재하였다. 참나무를 비롯해 서어나무, 산벚나무 등 우리 고유종
을 중심으로 구성하였다.

문화예술공원, 자연생태숲, 자연체험학습원, 습지생태원, 한강수변공원의 총 다섯 개의 테마로
구성되어 있다. 문화예술공원은 광장, 야외 무대, 아틀리에, 게이트볼장, 인공 연못 등의 시설을
조성해 시민들이 여가 활동을 즐길 수 있도록 하였다. 자연생태숲은 꽃사슴, 고라니, 다람쥐, 다
마사슴 등 야생동물이 서식할 수 있도록 재현하였다. 자연체험학습원은 기존의 정수장 시설을
재활용해 갤러리정원, 온실, 야생초화원 등이 조성된 공간으로, 생태를 직접 체험할 수 있다. 습
지생태원은 조류관찰대, 환경놀이터, 정수식물원 등 친환경적인 체험학습 공간으로 조성되었
다. 한강수변공원은 선착장, 자전거도로 등이 있다.

도시 재생의 작은 결과물들이 서울숲 곳곳에 숨겨져 있다. 특히 수명이 다된 옛 건축물을 활용
해 나비정원으로 만든 시도는 언론의 조명을 받기도 하였다. 정수장 콘크리트 구조물을 그대로
활용해 그 가치를 높였기 때문이다. 서울숲 재생의 공간들은 작은 쉼터를 선사해 주고 있다.

봉제 공장에서
인쇄 골목까지

1950년대 서울의 근대적 공업 지역으로 일컬어지는 이문동, 사근동, 영등포 등은 대부분 일제 강점기부터 공업 기반이 닦여 있던 곳이었다. 일찍이 도시 계획에서 벗어났던 뚝섬 일대에 주택지와 공장 지대가 조성되기 시작한 것은 해방 이후부터다. 한국 전쟁이 끝난 후 본격적으로 청계천 개발로 밀려난 봉제·섬유·금속 분야의 영세 업체들이 성수동으로 하나둘씩 이전해 왔다. 도심과 접근성이 뛰어남과 동시에 저렴한 지가는 영세업자들을 유인하기에 충분했다. 당시 이렇게 정착한 영세한 가내형 공장을 '마치코바(町工場)'● 라고 불렀다.

> ● 길거리를 의미하는 일본어 '마치(まち)'와 공장이라는 뜻의 일본어 '코바(こうば)'가 합쳐진 말이다.

1961년 서울시에서는 준주거 지역과 준공업 지역 지정을 통해 주거와 공업의 혼합을 꾀하였고(문태헌·양동양, 1989), 1964년 장안평 일대와 뚝섬 일대가 준공업 지역으로 지정으로 경공업 공장들이 대거 유입되었다. 토지

1971년대 준공된 신도리코
성수 공장(출처: 신도리코 블
로그)

구획사업이 진행되면서 주택들이 들어섰고, 기동차 궤도는 철거되어 도로
가 확장되었다. 섬유, 봉제, 전자, 자동차 부품, 문구● 등 다양한 공장들이
성수동에 자리를 잡았다.

1970년대 서울시는 당시 사양 사업과 공해를 유발하는 공장을 시 외곽으
로 이전시키는 계획을 수립하고, 이에 1974년 뚝섬 일대를 준공업 지역으
로 설정해 고시하였다. 영등포와 구로공단으로 갈 수 없었던 업체들이 성
수동으로 유입되었다. 성수2가제2동, 성수2가제3동을 중심으로 봉제 업체
들이 폭발적으로 증가하였다.●● 지하철 2호선이 개통되면서 많은 공장들
이 성수동 일대로 모여들었다. 4대문 안에 산재되어 있던 자동차 매매단지
와 정비 공장들이 장안평으로 이전할 당시 장안평 가까이 인접한 성수동으
로도 정비 공장들이 유입되었다. 또한 당시 성수동에는 모토로라 코리아,
아남산업, 대동호학, 삼미기업, 신도리코 등 무려 1147개의 기업이 이곳 성
수동에 자리를 잡았다.

● 성수동에서 처음으로 설립된 규모 있는 공장은 1963년에 준공된 모나미 성수동 공장이었다.
●● 봉제계사, 1982. 11. 「전국최대 성수동을 가다 관련업종 풍부한 봉제의 메카」 「월간 봉제
계」, 91–92쪽.

1980년대 중반 이후 중구의 을지로와 충무로 일대에 집중되어 있던 인쇄 업체들도 도심 기능에서 밀려 하나둘씩 성수동으로 유입되었다(김희식, 2014). 1993년에는 을지로에 기반을 두었던 서울제일인쇄공업 협동조합이 단일 업종으로는 최초인 아파트형 인쇄공장을 열었다. 당시 성수동은 충무로 다음가는 제2의 인쇄 골목으로 불렸을 정도로 인쇄 업체들이 집적되었다. 1990년대부터는 영등포구, 마포구, 구로구 등지에 있던 대규모 인쇄 공장들도 속속 성수동에 새 둥지를 틀었다. 종로구, 중구, 강남구 등의 도심 및 부도심과의 접근성이 뛰어났을 뿐만 아니라 여전히 다른 공업 지역에 비해 지가가 저렴했기 때문이다. 소규모의 직접 인쇄 방식 중심이었던 충무로에 비해, 일찍부터 성수동은 인쇄관면에서 잉크 화상을 전사하여 인쇄하는 옵셋인쇄(offset printing) 방식의 도입으로 대량 생산 체계를 갖추며

한때 충무로 다음가는 인쇄 거리가 형성되었던 성수동 인쇄 골목

성장하였다. 이렇게 인쇄 및 수제화 공장 등의 경공업 공장이 밀집했던 성수동은 1990년대 중반 이후 국내 산업 구조의 변화로 점점 쇠락해 갔다.

이에 1995년 서울시는 업종별 중점 육성 지역으로 성동구를 선정하였지만 1997년 외환 위기로 결국 계획은 무산되었다(김희식, 2014). 결국 여러 경제 환경의 변화에 적응하지 못한 성수동의 제조업 공장들은 하나둘씩 다른 지역으로 이전하게 되었다. 2000년대 들어오면서 정보 통신 관련 첨단 산업 지역으로 변화를 꾀하였으나 결국 시행되지 못하였고, 성수동 공장은 점점 비어 가면서 산업 공동화 문제에 직면하게 되었다.

자동차 정비소,
성수동으로 모이다

자동차 정비 공장은 성수동이 보여 주는 또 하나의 경관이다. 지금은 그 형태가 조금씩 바뀌고 있지만 이는 여전히 성수동의 중요한 산업 경관이다. 우리나라 자동차 정비 공장의 역사는 1960년대 초반으로 거슬러 올라간다. 먼저 중구 오장동을 중심으로 대규모 자동차 정비 단지가 형성되었고, 명동에서는 개풍공업사, 세일공업사 등이, 용산에서는 마포공업사 등이 운영되었다. 당시 영세업자들이 운영하는 소규모 정비소도 출현하였다. 1976년 '도로운송차량법'이 수립되면서 자동차 정비 제도가 정착되었지만 여전히 영세업자들은 무허가 운영을 해 왔다. 1970년대까지만 해도 자동차 매매단지가 을지로를 중심으로 도심에 자리 잡고 있었기 때문에 자동차 정비소 또한 도심에 위치하였다. 강남 개발이 시작되면서 자동차 관련 산업도 이전 대상이 되어 장안평으로 옮기게 되었다. 1982년까지 장안평은 4개 동에 750여 개의 대규모 상사와 부품 공장이 들어왔고, 자동차 정비소도 하

성수동에 자리 잡은
자동차 정비소

나둘 자리 잡게 되면서, 우리나라 최대의 자동차종합유통산업단지로 탈바꿈하게 되었다.

자동차 정비소가 성수동에 자리 잡게 된 까닭은 대규모 자동차 매매단지가 들어선 장안평에 인접했기 때문이다. 더불어 당시 준공업 지역이었던 성수동은 도심 지역에 비해 지가가 매우 저렴했고, 정비소를 지을 수 있는 가용지가 많았다. 1975년 완성차로는 처음으로 기아자동차가 성수동에 가장 먼저 자리를 잡았다. 1982년 종로에 있었던 현대자동차 부품직매점도 성수동으로 이전하였고, 타 업체들도 잇따라 성수동에 자리를 잡았다. 1980년대 자동차 시장이 호황을 거듭하면서 1980년대 중후반까지 정비소도 호황을 이뤘다. 이로 인해 매매 상사들이 다른 곳에도 산발적으로 조성되면서 성수동의 정비소는 어려움을 겪기도 했다.

하지만 1997년 IMF 경제 위기를 겪고, 이후 서울시 뉴타운 사업이 시행되면서 서울 곳곳에 흩어졌던 정비소들이 임대료가 저렴한 성수동으로 다시 모여들기 시작하였다. 영동대교를 통해 쉽게 접근할 수 있는 강남 지역에서도 유입량이 계속 증가하는 추세를 보였다. 2000년대 이후 자연스레 강남과 강북을 잇는 축으로서 성수동은 국내외 200여 개의 자동차 정비소

지리교사의 서울 도시 산책

가 모인 집결지가 되어, 하나의 정비 클러스터가 형성되었다. 국내외 완성차들의 부품 판매점을 갖추고, 전문 기술을 보유한 인력들이 모이며, 상호 보완적인 시스템이 조성되었다. 하지만 2010년대 이후 지가 및 지대 상승과 수입차 정비소들과의 경쟁 등이 심화되면서 수십 개에 달하는 국내 정비소들은 다시 위기에 직면하게 되었다.

성수동에 자리 잡은 수입차 정비소

전통 3강과
신흥 3강의 만남

개화기 당시 '개화경(안경)', '양복' 등과 함께
신문물의 상징이었던 것이 '구두'●였다. 구두는
일제 강점기 일본에서 제화 기술을 배운 기술자

> ● 당시 명동을 중심으로 칠성제
> 화, 쏘니화점 등 수제화 점도 싸롱
> 화의 유행으로 큰 인기를 끌었다.

국내 수제화 제조업의 산실 성수동

지리교사의 서울 도시 산책

들에 의해 정착되었다. 구두를 뜻하는 일본어 '구쓰(靴 - くつ)'에서 점차 '구두'로 바뀐 것이다. 즉 서양에서 들여온 신발이라는 의미의 양화(洋靴)였다. 국내 수제화의 태동은 1925년 서울역이 완공된 시기부터다. 역 주변 대형 물류 창고가 조성되고, 가죽이 유통되면서 가까이 염천교 주변에 수제화 업체들이 자리 잡게 되었다. 6·25 전쟁 직후 미군 중고 군화를 수선하여 신사화로 재가공해 판매하면서 염천교 일대는 수제화 거리로 명성을 얻게 되었다. 염천교에 이어 국내 최대의 수제화 제작소로 성장한 곳이 바로 성수동이다. 그렇다면 성수동 수제화는 언제부터 명성을 얻게 되었을까? 성수동에 수제화 공장들이 자리 잡게 된 것은 1967년 금강제화가 금호동으로 공장을 이전하면서부터다. 이에 따라 염천교와 명동, 금호동 등지에 산재되었던 하청업체들과 자재 업체들도 가까운 성수동에 집적하였다. 1971년 원효로에 자리 잡았던 에스콰이어가 성수동에 공장을 세웠고, 엘칸토로 사명을 변경한 미성상회도 성수동에 자리를 잡았다. 1970년대 금강제화, 에스콰이어, 엘칸토 등이 근거리에 모이면서 관련 하청 기업들이 몰려 국내 최대 수제화 산업 지역이 되었다.

수제화 산업의 태동 공간 염천교

1980년대 1000여 개에 달하는 수제화 관련 업체가 밀집하면서 '구두의 메카'로 불리게 되었다. 당시 제화업계 3강으로 군림했던 금강제화, 에스콰이어, 엘칸토의 체제에서 탠디, 소다, 미소페가 신흥 3강으로 등장하였다. 신흥 브랜드 업체는 젊은 층을 겨냥한 상품 개발 및 마케팅으로 큰 성공을 거두었다. 당시 이런 젊은 층의 수요에 맞춰 구두를 빠르게 제작할 수 있는 곳은 수제화 생태계가 갖춰진 성수동뿐이었다. 결국 신흥 브랜드 업체들의 하청 공장들도 기존에 성수동에 자리 잡고 있었거나 이곳에 새롭게 터를 잡은 공장들이었다.

과거 에스콰이어 빌딩

하지만 정부의 수도권 규제 정책으로 인해 대규모 공장들은 서울을 떠나기 시작하였다. 수제화 업체로는 먼저 금강제화, 에스콰이어, 엘칸토 등이 1970년대 후반부터 타 지역으로 이전했다. 금호동에 있던 금강제화는 1978년 부평 공장으로, 성수동에 있던 에스콰이어는 1978년 성남 공장으로, 엘칸토는 하남 공장으로 이전하였다. 대규모 공장들의 이전으로 생긴 빈자리는 관련 하청업체들이 들어와 자리를 잡았다. 이들 하청업체들도 한 곳만을 상대하지 않고, 여러 업체에 물품을 납품하는 형태로 확대되었다. 하지만 성수동에서의 공장 이전이 줄을 잇게 되면서 영세한 제조업 시설들만 남아 환경이 열악해져만 갔다.

1990년대 들어와서는 인건비 상승 및 외환위기로 열악한 환경이 좀처럼 개선되지 않았다. 때마침 중국산 저가 제품들까지 급속도로 유입되면서 문을 닫는 공장들이 많아졌다. 2000년대 들어서도 수제화 산업은 침체의 늪에서 빠져나오지 못했다. 노동 강도에 비해 부가가치가 높지 않다 보니, 젊은 층 노동자들의 유입이 거의 없다. 노동 시장이 고령화되어 갔고, 기술 투자 및 환경 개선도 더뎌 사양의 길로 접어들었다.

공동 판매에서
수제화 아카데미까지

국내 수제화 생산의 36%를 차지할 정도로 성수동은 여전히 국내 최대 수
제화 생산지다. 1980년대에 비해 절반 이하로 줄었지만 지금도 수제화 관
련 업체가 420여 곳(생산·판매업체 73%, 원·부자재 유통업체 27%)에 달
한다. 값싼 중국산에 밀려 저가 시장을 일부 빼앗기기는 했지만 국산 수제
화의 가치를 높여 가면서 다시 활기를 되찾아가고 있다. 쇠락의 길로 접어
들었던 성수동 수제화 산업에 새로운 변화의 움직임이 꿈틀대고 있다. 더
불어 서울의 새로운 핫 플레이스로 성수동 수제화 거리가 손꼽힐 정도로
젊은이들의 명소로도 변화되고 있다.

성수동 수제화 거리는 2호선 고가 철교 아래로 이어진 아차산로를 중심
으로 그 위, 남북으로 이어져 있다. 위로는 성수역 1번 출구 바로 아래 있는
구두와장인, 프롬에스에스(from SS), 서울성수수제화타운(SSST)에서부터
시작된다. 수제화를 직접 제작하기도 하지만 주로 성수동에서 생산된 수제

화를 판매하는 도·소매 공간이다. 롯데캐슬파크아파트를 둘러싸고 있는 성수일로8길과 아차산로7길을 따라 라플로체네, 성수수제화타운 등 20여 개의 수제화 업체들도 자리 잡고 있다. 한국제화아카데미, 한국제화디자인 패턴연구소, 성동토탈패션지원센터 등도 성수동에 터를 잡고 있다.

서울성수수제화타운은 맞춤형 제작을 하는 25개 업체들이 모여 만든 공동 판매장이다. 2013년 수제화 업체들이 모여 만든 협동조합, 성수수제화 생산협동조합(S-COOP)이 있었기에 가능했다. 서울시 마을 기업으로 선정되어 다양한 교육 활동도 전개해 나가고 있는데, 이 중 하나가 한국제화 아카데미다. 이 아카데미는 협동조합이 만들어지기 전인 2008년 제화기능 훈련원에서 시작하였다. 2009년 제화 기능공 양성 교육으로 발전하였고, 2011년 고용노동부 주관 지역맞춤형 일자리 창출 지원 사업으로 선정되어

성수동 구두거리 지도(출처: 서울디자인재단)

지리교사의 서울 도시 산책

성수수제화생산협동조합이 설립한 수제화 공
동 판매 공간 성수수제화타운

지금까지 수제화 기능공을 양성해 오고 있다. 제화아카데미에서는 구두 제
작에 대한 이론 수업과 함께 직접 구두를 제작해 보는 기능 훈련까지 진행
한다. 아카데미 과정을 수료한 교육생 중에서는 벌써 연남동, 연희동 등 뜬
다는 동네로 진출하여 창업에 성공한 젊은이들도 있다.

서울시에서는 서울산업진흥원(SBA)을 중심으로 '서울수제화아카데미
디자이너&MD 과정'을 개설해 운영하고 있다. 여성·남성 구두 디자인, 제
화 MD, 드로잉&일러스트레이션, 브랜드 매니지먼트, 슈메이킹 등을 비롯
해 이탈리아 구두 전문 아카데미 강의까지 진행한다. 전문화된 교육과정을
통해 실무 역량을 갖춘 슈즈 디자이너를 비롯해 제화 MD 인력이 이곳에서
양성되고 있다. 노령화된 성수동 수제화 거리에 젊음의 에너지가 채워지고
있다.

성수역 아래로는 수백 개가 넘는 수제화 업체들이 밀집되어 있다. 먼저
성수역 4번 출구에서 남쪽으로 이어진 연무장7길을 따라 내려간다. 골목
초입은 음식점, 카페, 미용실, 편의점 등 여느 동네에서 흔히 볼 수 있는 풍
경들이다. 이렇게 100미터 정도를 걷다 보면 골목 풍경이 달라진다. 초록
뱀, 베티아노, 유니콜렉션 등 도·소매 수제화 판매점을 비롯해 성신아트콜

가죽 및 수제화 맞춤 도소매 업체 초록뱀   성수동 약국 노포, 우당약국

1977년부터 운영해 온 피혁 부자재 업체 성신아트컬렉션과 2005년 설립된 피혁 부자재 업체인 예카레더

연무장7길에 들어선 복합 문화 공간 우란문화재단의 우란경(좌)과 카페 드림아트(우)

렉션, 한새, 예카레더, 강동피혁 등 수제화 부자재 판매점 등이 이어진 수제화 거리에 이르게 된다. 그 틈으로 초입과는 다른 분위기의 카페와 음식점들이 새롭게 자리를 잡았다. 골목 중간에는 40년이나 된 노포, 우당약국도 남아 있다. 간관뿐만 아니라 내부 진열장, 괘종시계까지 옛 모습 그대로다.

구두, 피혁 등의 공방들로 이어진 이탈리아 볼로냐 프라텔리 거리는 성수동 수제화 산업에 시사하는 바가 크다. 가족 중심의 구두 공방에서 명품 구두 전문점으로 성장한 볼로냐의 '아테스토니(a.testoni)'만 보더라도 디자인, 가죽 선별, 가공, 바느질 등의 수작업을 담당하는 노동자들이 모두 장인 대우를 받는다. 각각의 공정에 대한 전문성을 높게 평가받으며, 이에 걸맞은 임금을 받는다. 높은 직업 만족도를 보이며, 스스로 숙련된 기술력을 바탕으로 전문성을 더욱 키우고자 하는 욕구가 높다. 적어도 30년이 넘은 장인 기반 산업이면서도 이를 전수받기 위해 진입하는 신규 인력도 풍부하다. 기능공의 가치를 높게 평가받는 사회 구조적 특색으로 젊은 층의 유입이 산업에 새로운 활력을 불어넣었다. 노동 시장의 순환 고리가 형성되면서 다채롭고 창의적인 상품들이 개발되었다. 우수한 상품들의 출현으로 상품은 브랜드화 될 수 있었고 장인 기업 생태계가 조성되었다.

2010년대 초반까지 성수동은 젊은 기술 인력의 부족으로 인한 노령화, 도급제 생산 방식에 의한 단순 생산 노동 문제, OEM 하청 생산 문제와 신진디자이너 부족, 중국 저가 제품의 물량 공세 등의 문제를 떠안고 있었다. 이렇게 퇴로의 길로 접어들었던 성수동 수제화 산업은 최근 부활의 신호탄을 쏘아 올렸다. 수제화라는 아이템이 성수동을 새롭게 부활시키는 데 한몫하고 있다. 여러 차례의 위기를 경험하면서 성수동의 수제화 생태계는 더욱 견고해졌다. 일찍부터 형성된 원청과 하청의 신뢰 관계 및 분업화된 생산 체계, 인접해 입지한 수제화 부자재 업체와의 협력, 시장의 변화에 발 빠르게 대처할 수 있는 유연한 생산 시스템이 구축되었다. 또한 문제시 되었던 노동 인력의 노령화는 오히려 수제화의 가치를 높이는 숙련된 장인 기술자를 만들어 냈다. 그리고 최근 지자체를 중심으로 제도 및 정책적 지원을 위한 거버넌스의 구축으로 성수동에 수제화 생태계가 뿌리 내릴 수 있었다. 단순 학습에 머물러 있던 수제화 기술도 제도화되면서 교육으로 혁신을 이끌어 내고 있으며, 지역 마케팅을 통해 상품의 가치를 높여 나가고 있다.

Tip

성수동 수제화 희망 플랫폼

2017년 성수동 수제화 산업에 새로운 활력을 불어넣기 위해 서울특별시와 성동구는 성동구 쌈지공원 내에 '성수 수제화 희망 플랫폼'을 조성하였다. 1층은 수제화 전시장, 2층은 공방으로 운영되고 있다. 관람객들은 수제화 제작 과정을 직접 보고, 직접 만들어 볼 수도 있다. 이와 더불어 수제화를 저렴한 가격에 구매할 수 있는 '풋풋한 슈슈마켓'과 함께 수제화 경매와 풋 프린팅, 슈즈 프린팅 등 다양한 문화 행사도 함께 열린다.

지리교사의 서울 도시 산책

성수동 수제화 거리
연무장길

—

군인들이 모여 무예를 연마하던 곳이라 해서 이름 붙여진 연무장길, 성수일로와 성수이로 사이 동서로 약 400미터에 이르는 길이다. 100여 개에 달하는 수제화 업체들이 밀집되어 되어 있는 이 길이 바로 성수동 수제화의 산실이다. 특히 거리 중간에 가죽 업체들이 집적되어 있어 '성수동 가죽 거리', 또는 '부자재 거리'로도 불린다. 수제화 거리로 큰 인기를 얻으면서 보행 환경을 개선하기 위한 '브라에스 역설(Braess's paradox)'도 시도되고 있다.

> ● 기존 도로의 폭을 줄이면 자연스레 교통량이 감소하게 되고, 이로 인해 보행환경이 개선된다는 이론이다.

성수일로와 만나는 경일초등학교 앞 사거리에서부터 이어진 연무장길 초입에서부터 50여 미터에 이르는 구간에는 편의점, 부동산, 학원, 목공소, 한의원, 음식점, 미용실 등이 자리 잡고 있다. 모던한 인테리어가 돋보이는 아트카페테레사, 도치피자, ㅈㅁㅃ 등의 카페도 이곳에 새로 문을 열었다.

자신만의 개성을 입고 수제화 거리에 입점한 수제화 판매점들

그 사이 수입 판창과 재화 기계 및 고무창을 판매하는 곳과 거리에 모인 수
제화업체들이 이곳이 수제화 골목의 시작임을 보여 준다.

이곳부터 연무장7길과 만나는 부경피혁 앞까지는 수십 개에 달하는 피
혁 업체가 자리 잡고 있다. 가죽거리답게 쓰레기봉투에도 작업에 쓰고 남
은 가죽 쓰레기가 가득 담겨 있다. 씨엘지, 부경피혁, 건영피혁, 손맛좋은
MELthing가죽, 우창레더, 원일상사, YB트레이딩 등까지 상호도 다양하다.
피혁●, 합성●● 등 제각각 가죽을 일컫는 용어들이다. 각종 수입 가죽에서
부터 악어, 타조, 카이만●●● 등의 특수가죽까지 판매한다.

피혁 업체들 사이로 갖가지 수제화 부자재 업체들도 자리 잡고 있다. 신
발 제작에 필요한 신발 끈, 굽, 지퍼, 각종 재단 도구와 신발 장식에 필요한
보석이나 비즈, 핫피스, 리본뿐만 아니라 신발을 판매할 때 필요한 신발상
자, 봉투 등을 판매하는 신발 제작 클러스터가 형성되어 있다.

● 皮革, 영어로 leather, 독일어로 Leder, 우리나라에서는 보통 레더로 표기한다.
●● 合成, 합성가죽, 또는 합성 피혁의 준말이다.
●●● 돌악어라고 불리는 종으로 악어목 엘리게이터과에 속하는 악어다.

이렇게 연무장길을 따라 300여 미터를 내려오면 연무장7길과 만난다. 두 거리가 서로 만나는 사거리를 중심으로 크고 작은 가죽 업체들이 한데 모여 최대 집적지를 이룬다. 유통 및 판매 중심의 가죽 업체들은 상업 가로 주변에 제법 큰 규모를 보이는 반면, 하청 위주의 수제화 제작 업체들은 골목 안쪽에 소규모의 형태를 보인다. 수제화 제작에 굳이 비싼 임대료를 지불할 필요가 없기 때문에 자연스럽게 이루어진 입지 패턴이다. 수제화 제작과 판매를 겸하는 수제화 업체만이 유동인구가 많은 상점 가로에 진출해 있다. 거리가 인기를 얻다 보니 2030세대를 타깃으로 한 카페들도 속속 이곳에 터를 잡고 있다. 공간을 재생해 카페로 탈바꿈한 오르에르(OR ER)와 숲속식사 등은 벌써부터 방문 명소로 탈바꿈하였다.

이탈리아 음식점 아트카페테레사

부경피혁

신발 부자재 판매점

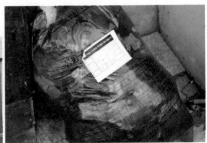

가죽 쓰레기로 가득찬 쓰레기봉투

수제화 거리와 함께해 온 성수동 노포, 샘물약국과 옷수선집

　부경피혁 앞 사거리에서부터 성수이로까지 약 200미터의 구간에는 디자인, 제조, 피혁, 장식 등 수제화 관련 제조업체가 자리를 잡고 있다. 연무장길 중간쯤에 집중적으로 분포했던 피혁 업체들은 10곳 남짓하고, 수제화 판매점, 공방, 디자인 연구소, 구두 장식, 교육장 등 다채로운 거리 풍경이 펼쳐진다.

　구두 및 잡화, 그리고 가죽제품으로 유명한 지니킴의 생산 공장도 이곳에 자리를 잡았다. 그 앞으로는 구두 장식 및 지퍼 업체 JS디자인연구소도 자리를 잡았다. JS슈즈랩으로도 불리는 JS디자인연구소는 '아트라인'과 'JS 레더' 등의 부자재 업체를 갖추고 있는 종합 수제화 제작 업체다. 건물 위에 조형물을 세워 수제화 거리의 분위기를 한껏 북돋운다.

　전 세계적으로 인기를 끌었던 미국 드라마 〈섹스 앤 더 시티〉의 주인공 캐리는 집 한 칸 없이 셋방을 전전하면서도 구두를 사 모으는 구두수집광이었다. 그녀가 골목에서 강도를 만났을 때 "이 구두만큼은 건드리지 말아 주세요."라고 애원했던 장면이 떠오른다. 누군가에게는 가장 지키고 싶은 구두를 만드는 곳이 바로 성수동 거리다.

　패턴 디자인 연구소 SSA SAA, 구두 디자인 연구소 JS디자인연구소 등,

지니킴 수제화 생산 공장

가로에서는 보이지 않았던 수제화 디자인 연구소도 이곳에 모여 있다. 특히 JS디자인연구소는 45년간 수제화를 제작해 온 구두장인이 운영하고 있다. 2016년 성수동 제1회 대한민국 수제화 명장 선발대회에서 제1호 명장의 영예를 안았던 인물이다. 문재인 대통령의 부인 김정숙 여사가 신었던 버선코 형태의 구두를 제작하는 등 창의적 디자인으로 최근 유명세를 얻고 있다.

그 맞은편 건물 2층에는 수제화용 리본을 제조하는 업체 빨간리본과 수제화 업체 아빠는구두장이가 자리 잡고 있다. 이곳은 수제화를 판매하면서 수제화를 직접 만들어 볼 수 있는 공방도 겸하고 있다.

성수이로 건너편, 수십 년은 족히 넘어 보이는 2층 적벽돌 건물 위에 세워진 하이힐 조형물이 시선을 사로잡는다. 태양왕으로 불렸던 루이 14세의 승마용 부츠에서 탄생한 것이 하이힐이다. 그만큼 오래된 전통을 지녔다.

땀's와 JS디자인연구소

빨간리본과 아빠는구두장이

수제화 거리에 설치된 하이힐 조형물

수재화 장인들 사이에서 작고 귀여운 발로 통칭되는 '신데렐라 사이즈'를 만들어 낸 것도 하이힐이다. 황금빛 이 맴도는 하이힐 조형물도 성수동의 수많은 사연을 담은 채 낡은 적벽돌을 레드카펫 삼아 걷는 듯하다. 이 거리 수많은 노동자의 애환을 머금어 그 영롱한 빛을 더한다.

–

재생의 실험 무대
성수이로

–

성수동 카페거리로 불리는 성수이로 가로수 길

피혁, 구두 장식 관련 업체가 밀집되어 있는 수제화 부자재 거리는 성수이로 앞에서 그 끝을 맺는다. 성수이로 너머로 이어진 연무장길은 그 주변으로 자동차 수리 업체와 섬유공장, 인쇄소 등이 자리 잡고 있다. 소규모로 운영되는 수제화 업체들보다는 제법 규모가 있는 공장●들이 입지하여 토지 구획에서부터 두 지역의 차이를 극명하게 느낄 수 있다. 이 지역을 둘로 양분하는 거리가 최근 재생으로 새로운 옷을 입고 있는 성수이로다.

성수사거리 틸테이블아카데미에서 뚝도시장 앞 사거리까지 이르는 약 500미터 구간이 그 변화의 중심이다. 건물들은 오래되고 어울리지 않는 건물들이 뒤섞여 어수선해 보이지만, 대부분 2층 남짓해 플라타너스 잎이 무성해지면 초록빛이 감도는 가로수 길로 변하는 매력적인 길이기도 하다. 옛 공장과 사무실, 카페 등 서로 어울리지 않는 건물들이 뒤섞여 아직까지는 어수선해 보인다. 그나마 대부분 2층 남짓해 플라타너스 잎이 무성해지면 초록빛이 감도는 가로수 길로 그 매력을 뽐낸다. 그 사이에 틸테이블, 자그마치, 페어퍼크라운, 대림창고, 수피 등 2030세대에서 한창 인기를 끌고 있는 명소들이 자리 잡고 있다. 최근 젊은이들 사이에서 일명 '성수동 카페 거리'로 불리는 거리다.

먼저, 성수역 3번 출구 앞에 자리 잡은 틸테이블은 식물의 특징을 살펴서 그림으로 그려내는 인테리어와 정원 가꾸기를 전문으로 하는 기업이다. 최근 친환경 분위기가 조성되고 식물에 대한 관심이 커지면서 2016년 자곡동에서 이곳으로 쇼룸을 이전하게 되었다. 여러 곳에 나뉘어 있던 사무실도

● 최근에는 LP 생산업체인 마장뮤직앤픽처스의 바이닐팩토리도 연무장길에 문을 열었다. 2000년대 들어서부터 국내에서는 LP생산을 하지 않았으나 최근 아날로그 감성의 LP판이 인기를 끌면서 재생산에 들어가게 되었다.

지리교사의 서울 도시 산책

함께 이전에 이곳에 자리를 잡았다. 초기 인테리어 설계를 기반으로 운영되었던 사무실은 식물과 인간이 공존하는 환경을 디자인하는 회사로 변화되었다. 틸테이블은 대림창고와 같이 공간을 재생해 입점한 것은 아니지만 성수동의 예술적 가치를 높이는 데 기여하고 있다.

그 아래로는 복합 문화 공간으로 불리는 자그마치(zagmachi)가 자리 잡고 있다. 4층 건물로, 인쇄소가 자리 잡고 있던 1층과 2층 공간을 재생해 카페와 갤러리로 재탄생한 것이다. 건물 입구에 붉은색 Z자만 그려져 있을

인쇄 공장을 재생한 복합 문화 공간 자그마치

뿐, 건물 외관은 그대로 유지하고 있다. 실내 공간은 예전 인쇄소에서 사용했던 선반과 도면함, 라벨 등을 그대로 활용하여 꾸며졌다. 평소에는 카페로 이용되면서 '서울디자인스팟 오프닝파티', '정인혜 작가전' 등 수시로 작은 전시회가 열리는 갤러리다. 자그마치 건너편으로는 공방형 카페 페이퍼크라운이 자리 잡고 있다. 순수 판화 예술 교육이 이루어지며 실습까지 겸하는 국내 유일의 판화 공방이다. 캘리그래피와 실크스크린 교실도 함께 운영하고 있다.

자그마치에서 50미터 정도 거리에는 성수동 재생의 상징 공간인 대림창고가 자리 잡고 있다. 1970년대 초반

베델플레이스 1층과 지하에 자리 잡은 틸테이블

정미소로 지어졌다가 이후 정미소 기능을 상실하면서 1990년대부터 부자재 창고로 사용되었던 창고 건물이었다. 2011년 6개의 창고 중 3개를 합쳐 복합 문화 공간으로 조성되었다. 카페와 갤러리로 운영되던 대림창고는 유명 가수의 음악 방송 녹화가 진행되면서 알려지게 되었고, 이후 패션쇼와 사진 촬영 무대, 신차 발표회 등 다양한 문화 행사가 열리는 문화 공간으로 탈바꿈되었다. 낡은 창고 건물에서 인더스트리얼 분위기가 자연스럽게 연출되어 '한국의 브루클린'으로도 불린다. '창고 파티(Garage Party)' 전문 업체 블러프는 이곳을 클럽파티 장소로 선정해 매해 새로운 클럽파티를 열었다. 2015년 서울시립교향악단에서 클래식의 대중화를 위해 진행했던 스탠딩 공연이 이곳에서 열렸다. 2016년 올해의 베스트 앱·게임 시상식도 대림창고에서 개최되었고, 네이버 '프로젝트 꽃' 중, '크리에이터 데이(Creator Day)'●도 이곳에서 열렸다.

> ● 일러스트레이터, 뮤지션, 플로리스트, 문화기획자, 대안공간이 함께 참여하는 새로운 문화 콘텐츠 컬래버레이션이다.

대림창고 건너편에는 시각 디자이너 이계창, 패션 디자이너 황희영 부부가 문을 연 패션 디자인 편집숍 수피(su;py, SUCCESSFUL PYRATES)가 자리 잡고 있다. 2015년 60년이 넘은 인쇄 공장을 개조해 재탄생한 곳이

정미소에서 복합문화공간으로 탈바꿈한 대림창고

지리교사의 서울 도시 산책

다. 옛 공장 안에 목재 구조물과 철재 장식장을 배치하고, 네온사인과 비디오 아트 등으로 인테리어 효과를 살린 실내 디자인이 돋보인다. 1, 2층에 패션숍을 두었고, 옆 공간에는 커피를 마시며 전시를 볼 수 있는 카페도 조성하였다. 의류, 모자, 액세서리, 블루투스 스피커, 인테리어 등 다양한 분야의 상품을 전시하고 소개하면서 패션 관련 문화 콘텐츠 사업도 함께 진행하고 있다. 2017년 한국벤자민무어페인트와 함께 'OCCUPY'라는 주제로 전시회를 열어 패션과 페인트 컬래버레이션을 선보이기도 하였다. 옛 공장을 살린 심플한 인테리어와 유니크한 패션 아이템으로 화보, 광고 등의 촬영 장소로도 인기를 얻고 있다. 수피는 패션과 문화를 접목시켜 새로운 트렌드를 만들면서 성수동의 복합 문화 공간으로 자리 잡아가고 있다.

이처럼 성수동은 옛 창고와 공장이었던 낙후된 시설들을 활용하여 예술 문화 공간을 조성해 나가며 거리에 새로운 활기를 불어넣고 있다. 성수이로 외에도 성수동 거리 곳곳에는 이처럼 실험적인 아이템으로 인기를 얻고 있는 공간들이 많다. 대부분 카페를 겸하는 형태로 운영되는데 오르에르, 쉐어드테이블, 멜로워, 어니언 등이 대표적이다.

연무장길에 자리 잡은 오르에르 1층은 가죽 공장이었던 곳을 카페로, 2

패션 디자인 편집숍 수피(좌)와 벤자민무어의 컬래버레이션을 진행했던 수피의 'OCCUPY'전(우)

오르에르. 가죽공장과 신발공장이 카페 겸 팝업스토어로 탈바꿈했다.

층은 신발 공장이었던 곳을 라운지로 바꾼 공간이다. 내부는 기존 공장의 형태를 고스란히 인테리어에 담았다. 안쪽에 있는 건물은 맛과 향을 즐길 수 있는 카페로 활용하고, 건물 뒤 공간은 팝업스토어가 열리는 문화 공간으로 활용하고 있다.

하얀색 목욕탕 타일을 이용해 내·외관을 새롭게 디자인한 쉐어드테이블은 깔끔한 인테리어로 젊은이들 사이에 인기가 높다. 커피와 맥주뿐만 아니라 케이크, 브런치를 즐길 수 있으며, 타이 음식과 이탈리안 음식을 맛볼 수 있는 특이한 카페다. 기업의 프레젠테이션, 필라테스 등의 다채로운 이벤트 공간으로도 활용되고 있다.

성수역 2번 출구 가까이 아차산로9길에 자리 잡은 어니언 또한 옛 공장을 재생해 카페로 변신한 지역 명소다. 1970년대 지어져 슈퍼와 식당, 자동차 정비소, 공장 등으로 변화해 온 공간의 옛 느낌을 그대로 살려내 자연스럽게 인더스트리얼 분위기가 연출되었다. 커피와 주스, 여기에 탑처럼 생긴 빵에 슈거파우더가 듬뿍 뿌려진 '팡도르', 치아바타에 팥앙금과 앵커버터가 들어간 '앙버터'라는 독특한 빵을 만들어 판다. 그 덕택에 내국인뿐만

아니라 외국인들도 즐겨 찾는 명소로 떠올랐다. 단층 건물로 옥상은 루프탑으로 꾸며 유행성과 공간의 효율성을 모두 잡았다.

어니언. 공장이었던 건물이 카페와 빵집으로 재생되면서 큰 인기를 얻고 있다.

성수이로7길에는 이미 많이 알려진 베란다인더스트리얼이 자리 잡고 있다. 금속 부품을 생산하던 작은 공장을 개조하여 만든 작업실이자 갤러리다. 이곳에서는 샤넬, 닥터마틴, 아디다스 등 수많은 브랜드 기업들과 함께 다양한 컬렉션을 개최하면서 패션 스튜디오로도 큰 인기를 얻었다.

이처럼 성수동이 창조 공간으로 변화될 수 있었던 것은 노후 공단 일대를 아파트 단지로 재개발하려했던 뉴타운 계획이 취소되면서부터다. 오래된 공장과 낡은 다가구 주택들로 이루어진 성수동 골목이 젊은 창업가와

Tip

성수동에 들어온 블루보틀

2019년 5월 세계 3대 스페셜티 커피로 불리는 블루보틀이 성수동에 매장을 열었다. 제임스 프리먼이 2002년 소비자들에게 신선한 커피를 제공하기 위해 미국 캘리포니아주 오클랜드에 만든 커피숍이 블루보틀이다. 빠르고 저렴한 커피 대신, 느리지만 최고의 맛을 선보이는 전략으로 마니아층을 형성해 성공한 카페다. 바리스타가 직접 커피를 주문을 받아 48시간 이내에 로스팅된 원두의 무게를 단 후 핸드 드립으로 커피를 내린다. 드립커피, 에스프레소, 뉴올리언스 커피 등 여섯 가지 커피를 판매한다.

블루보틀은 지금 2030세대들 사이에서 '파란병의 신드롬'으로 묘사되며 엄청난 열풍을 일으키고 있다. 이들은 1980년대 초반에서 2000년대 초반 출생한 밀레니얼 세대들로, 소셜네트워크서비스(SNS)에 해시태그(#)를 단 일상을 올리면서 자신들의 행위를 공유한다. 일반적으로 대중화된 아메리카노도 없고, 와이파이와 콘센트도 없는 블루보틀이 보여 주는 느림의 미학과는 전혀 다른 모습이다. 하지만 자기만족의 욕구가 강한 밀레니얼 세대에게 블루보틀의 소비는 자신을 표현하는 중요한 매개체가 되었다. 대중화된 프랜차이즈 카페 대신, 희소성이 있는 블

루보틀이 이들에게는 자아를 표현하기에 좋았던 것이다. 일상에 만족을 줄 수 있다면 얼마가 되었든, 어떤 것이든 소비할 수 있는 이들이 바로 밀레니얼 세대들이다.

이제 가격 대비 성능의 가치를 일컫는 가성비보다 가격 대비 만족감을 일컫는 가심비의 시대가 왔다. 밀레니얼 세대의 소비 행태는 소비 트렌드와 직결된다. 예전처럼 접근성이 높아야만 찾는 것이 아니다. 먼 거리에 있더라도, 후미진 골목에 있더라도, 소비할 만한 상품의 가치가 충분하다고 판단되면 그 어디라도 찾아가는 시대가 되었다.

국내외 유명 프랜차이즈 업체들이 첫 문을 여는 장소들을 보면 명동, 신사동 가로수길, 강남역, 홍대 거리 등 소위 국내 최대의 핫 플레이스였던 곳이었다. 그러나 '커피계의 애플'로 불리는 블루보틀은 그 틀을 깨고 성수동 2호선 뚝섬역 고가 철교 아래 자리를 잡았다. 인더스트리얼 분위기의 성수동과 블루보틀이라는 브랜드가 만나 새로운 가치를 만들었다. 어쩌면 커피 장인이 서울의 장인 공간을 일부러 찾아 그곳에 함께 정착했을지 모를 노릇이다.

예술가들을 유인하였다. 일단 서울 도심 및 주요 핫 플레이스와의 접근성이 매우 뛰어나다. 가까이 명동, 용산 등을 두고 있었고, 한강 이남으로 강남, 송파 등 강남 지역과도 가까웠다. 더불어 상가 및 다가구 주택은 빈 공간이 많았고, 임대료 또한 저렴했다. 특히, 빈 채로 남아 있던 노후된 공장들은 넓은 작업 공간이나 창업 공간이 필요했던 창업가 및 예술가들에게는 더할 나위 없이 훌륭한 창작의 무대가 되었다. 이러한 일련의 변화는 모두 자발적이었다. 지자체의 주도하에 진행된 재생이 아니라 아래로부터 자연스럽게 변화된 상향식 재생이었다. 성수동에서 시작된 작은 변화들 하나하

지리교사의 서울 도시 산책

나가 모여 지자체의 참여를 이끌어 냈고, 이후 민관이 상호 협력해 나가는 재생의 토대가 되었다. 이와 같은 성수동의 경험은 도시 재생에서 자생력이 갖는 의의와 그 방향성을 제시해 주었다는 점에서 그 의미가 매우 크다.

지역 활동가의 힘으로 살아난 뚝도시장

서울 3대 시장 중 하나였던 뚝도시장

미정이네식당

1962년 개장한 뚝도시장은 성수동을 대표하는 재래시장이다. 지금은 130개 정도의 상점만이 남아 있지만, 한때 남대문시장, 동대문시장과 함께 서울을 대표하는 3대 시장 중 하나였던 곳이다. '뚝도'라는 이름은 '뚝섬'에서 연유한 말로, '뚝섬시장'으로 부르기도 하였다. 시장 안에는 광신상회와 같이 40년 이상을 지역 주민들과 함께 온 노포들도 많다. 여러 차례 방송에서 소개된 코다리찜 전문점인 미정이네식당을 비롯해 수십 개에 달하는 맛집들이 자리를 잡고 있다.

2009년 뚝도시장을 포함한 이 일대가 재개발 구역으로 지정되면서 사라질 위기에 놓여 있었다. 이를 막기 위해 시장 상인들과 지역 주민들, 그리고 예술가들이 협력해 시장을 활성화시켜 나갔다. 대표적으로 예술과 도시사회연구소, 뚝도시장번영회, 성동협동경제사회추진단 등의 지역 활동가들이 있었다. 특히 지역에 기반을 둔 '컬처폴'이라는 젊은 예술가들과 협력해 '으랏차차 뚝도기획단'이 설립되면서 시장은 새로운 옷을 입게 되었다. 시장과 함께하는 지역 축제를 기획하고, 시장을 활용한 청소년 교육프로그램을 운영하였다. 뚝도시장 사냥축제 '으랏차차! 뚝도의 전설'을 개최해 사람과 문화가 만나는 시장으로의 변화를 꾀하였다. 또한 횟집이 많은 시장의 특색을 살려 '뚝도활어시장 축제'를 개최하였다. 소상공인진흥공단의 청년상인창업지원사업에도 선정되어 청년창업사업인 '뚝도청춘' 프로젝트도 진행하면서 열정이 넘치는 청년들의 시장 진출을 돕고 있다.

성수동,
착한 기업을 만들다
–

　젊은 창업가들 사이에서 성수동은
여전히 꽤나 인기 있는 창업 무대다. 앞
서 말했던 것처럼 주변 도심, 부도심과
의 접근성이 무척 높은데다, 아직까지
는 위치에 비해 임대료가 저렴한 편이
기 때문이다. 무엇보다 성수동만이 지
닌 문화적 감성이 젊은 창업가들에게
는 창조성을 키워나가는 데 큰 힘이 되
어 주고 있다는 장점이 크다. 최근에는
창의성을 기반으로 사회 문제를 해결
하는 소셜 벤처(social venture)가 분당
선 서울숲역을 중심으로 모여 벤처 밸

소셜 벤처 임팩트 투자 기관 루트임팩트

리를 형성해 나가고 있다. 2012년 저개발국 공정무역을 위한 소셜 벤처 '아시아공정무역네트워크', 2013년 서울숲 조성계획 소셜 벤처인 '서울그린트러스트'가 이곳에 둥지를 틀었다. 특히 루트임팩트(ROOT IMPACT), 소풍(Sopoong), D3 쥬빌리, 미스크(MYSC) 등의 임팩트 투자(impact investment, impact investing)● 기관들이 성수동에 자리를 잡으면서 소셜 벤처에 대한 집중적인 투자가 이루어졌다. 서울숲역과 성수역 사이, 비영리 사단법인 루트임팩트가 250억 원의 펀드를 조성해 최근 문을 연 헤이그라운드에는 40개 정도의 소셜 벤처가 입주해 있다. 시각장애인용 시계를 만드는 이원코리아, 미아 방지 밴드를 제작하는 리니어블, 결식아동을 위한 에너지바(푸드바)를 만드는 리얼시리얼, 사회적 약자를 위한 주간지를 만드는 빅이슈코리아, 상품을 판매해 위안부 할머니를 지원하는 마리몬드, 저염의 청정식단을 제공하는 소녀방앗간, 공부법과 진로콘텐츠를 제공하는 공신 등이 있다. 루트임팩트는 혁신가들의 커뮤니티 공간인 디웰살롱과 그들의 셰어하우스인 디웰하우스를 설립해 소셜 기업들의 성장들을 돕고 있다.

2016년 전국 최초로 민·관·기업 간 상생협력 사회공헌 프로젝트(PPP: Public Private Partnership)의 일환으로 116개의 컨테이너로 만들어진 언더스탠드에비뉴도 문을 열었다. 결혼이주여성, 학교 밖 청소년 등 사회적 취약 계층의 자립을 지원하기 위해 출범하여, 이들의 일자리 창출과 교육 활동을 지원하고 있다. 시민들에게 연극, 전시, 콘서트 등 다채로운 문화 공

● 임팩트 투자란 다양한 사회 현안에 대해 긍정적인 영향을 미치며, 동시에 수익을 창출하는 기업에 적극적이고 장기적으로 투자하는 형태를 일컫는다.

연을 체험할 수 있는 기회를 마련하기 위해 아트스탠드 프로그램도 운영하고 있다. 직접 디자인한 수제화를 지역 장인과 연계해 제작하는 '유메아르', 한국인의 체형에 맞는 메모리폼 매트리스를 제작하는 '슬라운드', 코딩교육 프로그램을 제작해 운영하는 '미타' 등 스타트업을 돕는 인큐베이션센터를 통해서는 혁신적 아이디어를 갖춘 창업 기업을 선발해 입주 및 활동을 지원하고 있다.

이처럼 소셜 기업들은 성수동의 창조적 환경 속에서 지속적으로 성장해 나가고 있다. 2017년 사회적기업성장지원센터 '소셜캠퍼스 온(溫) 서울'도 이곳에 문을 열면서 이들의 지원을 돕고 있다. 벌써 1000여 개에 달하는 소셜 벤처가 이곳에 자리를 잡게 되면서 성수동은 국내 최대의 소셜 벤처 밸리가 되었다. 사회 및 환경 문제에 대해 관심을 가지고, 비슷한 가치관을 지닌 벤처 기업들이 모이면서 서로 협업해 함께 문제를 해결해 나가는 풍토가 조성되고 있다. 대한민국 소셜 벤처의 산실이 된 성수동, 성수동의 수제화 산업과도 충분히 연계해 볼 수 있다. '내일을 위한 신발'이라는 슬로건을 앞세워 제3세계에 100만 켤레의 신발을 제공한 미국 소셜 기업인 탐스슈즈(Toms Shoes)처럼 성수동에도 충분히 적용할 수 있다. 더욱 진화된 형태의

사회 공헌 프로젝트로 문을 연 언더스탠드에비뉴

지리교사의 서울 도시 산책

소셜 벤처도 가능하다.

　쇠락해 가는 성수동의 수제화 산업을 일으키고, 소비자들은 장인이 만드는 수제화를 저렴한 값에 구매하며, 판매 금액의 일부는 제3세계의 아이들을 돕는 소셜 벤처를 제안해 본다. 기존 소셜 벤처들이 생산자와 소비자를 떠나 사회적 약자들을 돕는 데 치중했다고 본다면, 성수동 수제화는 생산자와 소비자, 그리고 사회적 약자를 모두 연계한 새로운 소셜 벤처 모델이 될 수 있을 것으로 보인다.

성수 소셜 패션 프로젝트
지역 내 패션 산업과 연관된 다양한 이해관계자들과 함께 호혜와 협동을 통한 연대의 경제를 원리로 지역 기반 패션 산업의 고부가가치와 공동의 이익을 목적으로 하는 사회적 가치를 지향하는 새로운 산업 생태계를 일컬어 '소셜 패션(Social Fashion)'이라고 한다.
서울시에서는 이를 '사회적 경제 패션산업'으로 정의하였다. 의류, 패션잡화, 생활 소품 등 디자인 및 제작 분야의 사회적 경제 기업과 그 밖에 패션을 통한 사회적 가치를 추구하는 기업을 대상으로, 패션디자이너 및 봉제 노동자의 노동환경 개선 및 신진 인재의 육성과 등용 기회 확대, 친환경, 재활용, 공정무역 원자재 사용 및 제작, 유통, 소비의 과정에서 지역사회에 기여하는 산업으로 정의하였다. 서울시는 사회적 경제 패션의 중심지로 성수를 선정하여 패션 산업의 클러스터를 조성하고, 생태계를 구축하는 계획을 수립하였다.
2016년 성수 소셜 패션 프로젝트를 시작으로 사회적 경제 패션 기술창업 학교를 설립하여 창업 교육을 실시하고 있다. 2020년까지 성수동 일대에 소셜 패션 생태계를 구축하고, 지역 내 산업 협력 및 클러스터 조성을 완성한다는 계획이다. 제조 및 마케팅, 디자인 유통의 세 가지를 중점으로 지역 패션 산업을 안정화시키고, 이를 통해 협동조합형일자리를 창출하고자 한다.
출처: 이서도, 2017 재인용

젠트리피케이션의 경험이
약이 될까?

1950년대 미국의 산업이 구조조정을 거치면서 로어 맨해튼(Lower Manhattan, 맨해튼의 남쪽 지역)에 있던 공장과 창고들은 방치되었고, 빈 공간들은 자연스럽게 문화 예술가들의 삶의 터전이 되었다. 그들은 이곳에서 자유롭게 창작 활동을 할 수 있게 되었고, 더불어 창의적인 발상을 가진 노동자들의 유입도 이루어질 수 있었다. 도시사회학자 샤론 주킨(Sharon Zukin)은 로어 맨해튼에 예술가들을 유입시킬 수 있었던 요인을 낮은 지가와 임대료에 있다고 보았다. 로어 맨해튼의 공업 지역이 문화 예술 공간으로 변화하면서 자연스럽게 지역의 문화적 가치는 상승될 수 있었다. 로어 맨해튼의 상품적 가치가 확대되면서 대규모의 자본이 유입되었고, 부유층의 이주가 촉진되었다. 이로 인해 개발자들은 큰 이익을 얻을 수 있게 되었던 반면, 기존에 정착했던 예술가들은 쫓겨나는 젠트리피케이션이 발생했다.

지리교사의 서울 도시 산책

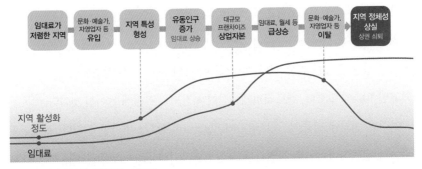

젠트리피케이션 발생 과정(출처: 서울시)

원래 젠트리피케이션은 1964년 사회학자 루스 글래스(Ruth Glass)가 처음 사용한 말로, 런던의 첼시와 햄프스테드 등 하층 계급의 주거 지역에 중산층의 계층들이 유입되면서 고급 주택지로 변화하는 과정을 일컫는 개념이었다. 즉 낙후된 지역이 활성화되면서 새로운 계층이 유입되어 기존 거주민을 대체하는 현상을 말한다.

이러한 변화는 우리 사회 곳곳에서 진행되고 있다. 이곳 성수동도 마찬가지다. 보부상회디자인협동조합은 개인 작가들이 모여 아이디어를 나누고 협업으로 작업 기반을 만드는 조합이었다. 신진 디자이너와 작가들의 작품을 분기마다 판매하는 '계절장'이라는 플리마켓을 열기도 하였다. 새롭게 들어선 문화 예술 공간들이 입소문을 타고 속속 인기를 끌면서 동네를 찾는 사람이 많아지게 되었다. 그러나 보부상회는 이곳에 들어온 지 1년 만에 다른 지역으로 이전하게 되었다. 임대료가 올랐기 때문이다. 성수동에서 디자이너들이 자생하는 환경을 만들려는 시도로 성수동에 사람들을 불러들인 당사자가 임대료 문제로 자리를 옮긴 것이다. 높은 임대료를 내야 한다면 상권 형성이 보다 잘 된 곳으로 이전하면 더 효율적일 것이라는 판단에서다.

보부상회디자인협동조합조차 자신이 자리 잡고 있던 터전에서 쫓겨나고 밀려나는 전치(displacement)를 경험하게 되었다. 이처럼 성수동은 급격한 임대료 상승 문제를 겪고 있다. 2017년 한 해만 해도 누적 상승률이 전국 최고인 10%에 달했다. 젠트리피케이션이 시작되는 시점에 들어선 것이다.

이러한 변화에 맞물려, 젠트리파이어(gentrifier)●가 비판받고 있다. 성수동의 젠트리파이어로 불리는 보부상회디자인협동조합과 같은 예술가, 사회적 기업들의 진출이 새로운 상업 자본을 유입하는 등의 긍정적인 변화를 이끌어 내기도 했지만, 결과적으로 젠트리피케이션을 일으킨 유발자라고 보는 시각이다. 젠트리파이어에 대한 평가는 아직까지 긍정과 부정 사이에서 엇갈리고 있다. 젠트리피케이션 자체도 그렇기 때문이다. 도시학자들은 젠트리피케이션을 도시 성장 과정에서 필수적으로 발생하는 현상으로 보고 있다. 따라서 이 현상을 막을 수는 없으며 문제를 최소화하는 방향으로 해결해 나가야 한다. 결국 도시 성장의 생태계 속에서 존재하는 이 필연적인 변화는 서로가 함께 사는 공간이라는 점을 인식하고 상생으로서 공존하는 방향을 모색해야만 한다.

그나마 성동구청은 다른 지자체보다 이른 시기부터 젠트리피케이션을 막기 위해 노력을 기울여 왔다. 2015년 전국 최초로 「젠트리피케이션 방지 조례」를 발표한 데 이어, 2016년 젠트리피케이션 방지를 위해 「서울특별시 성동구 지역공동체 상호협력 및 지속가능발전구역 지정에 관한 조례」를 시행하였다. 2017년 국민대통합위원회에서 주관한 국민통합 우수사례 발굴

● '빈민가를 고급화하는 사람'이라는 사전적 의미는 퇴색되고, 젠트리피케이션을 반대하는, 즉 안티 젠트리피케이션이라는 뜻으로 더 많이 쓰인다.

지리교사의 서울 도시 산책

에서 '젠트리피케이션을 넘어 상생도시'라는 타이틀로 젠트리피케이션 폐해를 막기 위한 정책 추진 사례를 발표하여 최우수상을 수상하기도 하였다. 2019년 도시 재생 산업 박람회에서는 지역의 고유문화와 특성에 맞는 도시 재생사업의 협력적 추진과 혁신적인 사고로 젠트리피케이션 방지 정책을 정착시킨 결과로 국토교통부 장관상을 수상하면서 도시 재생의 선도적 사례가 되고 있다.

Tip

성수동 재생의 신호탄, 마중물 사업

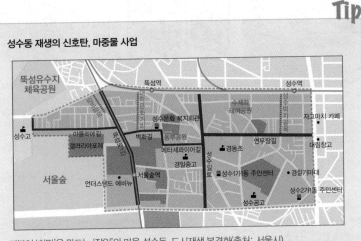

더불어 '희망'을 만드는 '장인'의 마을 성수동, 도시재생 본격화(출처: 서울시)

서울시는 2017년 제8차 도시계획위원회를 열고 성수동과 암사동 도시재생시범사업 도시재생활성화계획(안)을 원안 가결하였다. 도시재생활성화계획은 지역발전과 도시재생을 위해 추진하는 다양한 도시재생사업을 연계해 종합적으로 수립하는 실행계획이다.

먼저 성수동 도시재생사업은 일터재생, 삶터재생, 쉼터재생, 공동체재생 등 4개 분야에서 성장가도 산업혁신공간 조성, 성장가도 교각하부 공간개선, 우리동네 안심길 조성, 생활자전거 순환길 조성, 지역문화 특화가로 조성, 성장지원센터 건립, 나눔공유센터 건립, 주민역량 강화사업 등 8개 사업으로 2018년까지 마중물 사업비 총 100억 원(시 90억 원·구 10억 원)을 투입하게 된다. 이 외에도 연계사업으로 일터재생을 위해 '젠트리피케이션 방지를 위한 공공임대점포 취득', '사회적경제 패션 클러스터 조성' 사업을 추진하고, 삶터재생을 위해 '성수동 도시경관사업(수제화거리·상원길)' '무지개 창의놀이터 재조성' 사업을 진행한다. 또 쉼터재생을 위해 '성수 근린공원 화장실 리모델링' '태조이성계 축제'를, 공동체재생을 위해서는 '사회적경제지원센터 건립' 등 총 23개 사업 443억 원이 서울시와 자치구·민간에서 추가 투입될 예정이다.

출처: 서울경제, 2017.05.12.

도시 산책 플러스

플러스 명소

▲ 성수구두테마공원
1998년 근린공원으로 조성된 이후 수제화 특화사업의 일환으로 2015년 구두테마공원으로 조성. 각종 이벤트 개최 및 커뮤니티 공간으로 활용됨.

▲ 실비제화
2017대한민국명가명품 대상을 수상한 구두 장인이 운영하는 수제화 업체. 1967년부터 수제화를 만들기 시작해 1991년 지금의 장소에서 제화점을 운영하기 시작함.

▲ 모카책방
2016년 4월부터 6월까지 동서식품에서 운영했던 책방. 지금은 공장으로 운영되고 있으며. 공장 주변에 작은 벽화 골목이 형성됨.

산책 코스

◎ 성수역 ⋯ 프롬에스에스, 서울성수수제화타운 ⋯ 연무장7길(성신, 초록뱀, 우당약국, 강동피혁) ⋯ 연무장길(부자재 거리) ⋯ 성수이로(자그마치, 대림창고, 수피) ⋯ 연무장길(자동차정비소 골목) ⋯ 에스콰이어 빌딩 ⋯ 서울숲

맛집

1) 연무장길 주변 수제화 거리
• 오성식당, 아트카페테레사, 쉐어드테이블, 진미, 외가집, 도치피자, 경동갈비, 닭한마리, 광장족발, 소문난성수감자탕, 돈앤돈, 믿음식당
2) 성수동 갈비 골목
• 늘봄숯불갈비, 수원원조갈비, 대성갈비, 뚝섬숯불갈비, 홍대교동짬뽕, 송범순대국
3) 태화약국−성수2가3동주민센터
• 박가네김밥, 성수족발, 옛골감자탕, 베트남쌀롱
4) 기타
• 양꼬치 거리, 건대 로데오 거리, 건대 맛의 거리

참고문헌

강효정·김진영, 2014, 성수동 구두거리를 활용한 지역활성화 방안, 글로벌문화콘텐츠학회 학술대회, 50-55.

김민수, 2017, 성수동: 수제화의 모든 것이 모이는 곳, 대학지리학회 학술대회논문집, 105.

김상현·이한나, 2016, 성수동 지역의 젠트리피케이션 과정 및 특성 연구, 문화콘텐츠연구, 7, 81-105.

김희식, 2014, 서울성수공단의 형성과 변용에 관한 고찰: 수제화, 자동차정비산업을 중심으로, 서울학연구, 57, 1-29.

심소희·구자훈, 2017, 서울시 성수동 도시재생사업에 대한 산업지원 및 도시재생 통합적 관점의 특성 분석, 서울도시연구, 18(1), 1-16.

이서도, 2017, 성수동의 지역적 특성을 반영한 패션 디자인 개발, 성신여자대학교 석사학위논문.

이유리·이명훈, 2017, 사회적경제조직의 네트워크 효과에 따른 지역사회 영향 분석: 성수동 소셜벤처 밸리를 중심으로, 한국지역개발학회지, 29(2), 161-188.

이한나, 2014, 도시 공업 지역의 문화활동 형성과 변화: 성수동 대림창고를 중심으로, 서울시립대학교 석사학위논문.

천길자, 2016, 도시 인프라를 활용한 성수동 공유공간 조성에 관한 연구, 경기대학교 석사학위논문.

홍은희·박명자·정재철, 어미경, 2016, 성수동 수제화 라스트 생산 현황 조사, 한국의상디자인학회 학술대회, 55-57.

GLASS, R. (1964) Introduction to London: aspects of change. Centre for Urban Studies, London(reprinted in GLASS, R. (1989) Cliche´s of Urban Doom, pp. 132–158. Oxford: Blackwell).

Hamnett, C., "The blind men and the elephant: the explanation of gentrification", Transactions of the Institute of British Geographers, 16, pp.173~189, 1991.

Smith, N. and Williams, P., eds., Gentrification of the City, Boston: Allen andUnwin, 1986.

구두와 장인 웹사이트, http://www.shoenartisan.org/tag/%EC%84%B1%EC%88%98%EB%8F%99

신도리코 블로그(http://www.sindohblog.com/207

봉제거리 박물관, 창신동

MADE IN 창신동. 종로 동쪽 끝 동네인 창신동에서 만들어졌다고 해서 이름 붙여진 것이다. 창신동은 대기업이 집적하고 있지도 않을뿐더러, 명품이나 화려한 거리가 있는 것도 아니고, 아기자기한 볼거리가 있는 관광 명소도 아니다. 오래된 상가와 주택들이 서로를 기대고 서 있는 경사진 동네다. 다만 슈퍼, 부동산, 미용실 등 제각각 다른 간판을 달고 있는 골목 상점들이 문을 열면 그 간판과는 다른 경관을 보여 주는 특이한 동네다.

바로 'MADE IN 창신동'의 비밀이 이 안에 숨어 있다. 상점 안은 모두 옷을 만드는 봉제 공장이다. 지금은 많이 줄긴 했지만 그래도 3000여 개에 달하는 소규모 봉제 공장이 골목 곳곳에 자리 잡고 있다. 창신동이 곧 하나의 거대한 봉제 공장인 셈이다. 동남아시아와 중국의 저가 공세에 밀려 쇠락해 가기도 했었지만 창신동만의 독자적인 의류 생산시스템으로 이를 극복해 냈다. 결국 동대문 패션타운을 키워 낸 숨은 주인공으로 창신동은 요즘 새롭게 재조명 받고 있다.

창신동만이 보여 주는 골목 경관에 매료된 이들도 꽤나 많아졌다. 국내를 대표하는 청년 사회적 기업들도 알고 보면 창신동 골목을 첫 실험 무대로 삼아 성장할 수 있었다. 어쩌면 '드르륵 드르륵' 하며 재봉틀 돌아가는 소리와 '부응 부응' 하며 오토바이가 내는 굉음은 소음이 아니라 생기가 샘솟는 봄의 기운일지도 모른다. 지역 주민들의 표정에는 웃음꽃이 가득하고, 이곳에 새 터를 잡은 청년들의 표정에는 열정이 넘친다.

봉제 거리,
창신마을로 떠나다

도시에도 감성이 있다. 고층 빌딩의 스카이라인 속에서 기계처럼 돌아가

는 일상으로만 채워질 것만 같은 도시 풍경 속에도 우리네 소박한 골목 풍

낙산 아래 창신동 봉제 골목

지리교사의 서울 도시 산책

경이 남아 있다. 아직까지 이 골목의 주인공은 사람이고, 그 안에는 여전히 정이 가득하다. 무미건조한 풍경으로만 그려지는 도시도 알고 보면 지극히 감성적인 공간이다.

서울에도 도시의 향기를 더하는 감성적인 골목 동네들이 있다. 이 중 하나가 바로 창신동이다. 승용차 한 대도 제대로 지나가기 어려울 정도로 좁은 골목으로 이어진 서울의 전형적인 서민 동네지만, 모세혈관처럼 이어져 있는 골목은 하나의 유기체처럼 분주하게 움직인다. 1970~1980년대 산업화 시기 바쁘게 돌아가던 봉제 골목의 풍경을 지금까지 기억하고 있는 동네다. 누군가의 누나와 언니였던 이들은 30년이 지난 지금 누군가의 어머니이자 할머니가 되어 재봉틀을 돌리며 여전히 이 골목을 지키고 있다. 분주하게 돌아가는 일상에도 웃음이 끊이지 않고, 많은 나이에도 젊은이들 못지않게 삶의 활력이 넘친다.

도시 산책은 서울 지하철 1호선과 서울 지하철 6호선의 환승역인 동묘앞역에서부터 시작된다. 역명의 동묘는 중국의 촉나라 장수 관우를 모신 묘를 말한다. 정식명칭은 동관왕묘(東關王廟)다. 일반적으로 알고 있는 무덤의 '묘(墓)'가 아니라 신주를 모시고 제사를 지내는 사당의 '묘(廟)'다. 왜 하필 관우의 묘일까? 그 역사는 임진왜란 당시로 거슬러 올라간다. 지원병을 이끌고 조선으로 들어온 명나라 장군 진인이 서울에 머물면서 자신이 신봉하던 관우를 모시기 위해 남관왕묘를 세웠고, 왜란 이후 명나라 사람들에 의해 동관왕묘가 세워졌다. 성스러운 분위기가 물씬 풍기는 사당이지만 그 주변 거리는 시끌벅적하다. 동묘앞역 3번 출구에서부터 동묘까지 이어지는 거리에 일명 동묘 도깨비시장으로 불리는 벼룩시장(황학동)이 자리 잡고 있기 때문이다. 책, 레코드판, 비디오테이프부터 시작해 의류, 가전제품에 이르기까지 중고 제품의 좌판이 열린 거리는 사람들로 붐빈다.

도깨비시장 건너편이 인기리에 방영된 드라마 〈시크릿 가든〉과 〈미생〉, 그리고 영화 〈건축학개론〉의 촬영지였던 창신동이다. '창신 봉제마을'이라는 이름으로 마을 안 동신교회, 풍년철물, 동대문 아파트가 서울시 미래유산으로 지정된 곳이다.

비디오아트의 선구자였던 백남준과 한국 구상 미술의 대가인 화가 박수근, 가수 김광석 등이 살았던 동네이기도 하다.

한국 전쟁 후 국내 최고의 인장(印章)들이 모여 형성된 인장골목을 비롯해 1960년대 문구·완구 상점들이 하나둘 모이면서 형성된 국내 최대의 문구·완구 거리, 1970년대 동대문 시장이 성장하면서 형성된 수족관거리와 신발거리도 있다. 네팔 노동자들이 봉제골목으로 모여들면서 자연스럽게 형성된 네팔음식거리, 봉제 주민들과 함께해 온 소박한 마을 재래시장인 창신시장 등 창신동 골목은 별별 이야기들로 다채롭다.

창신동의 주요 명소

수려한 별장 터에서
판자촌으로

종로구에서 창신동의 위치

평창동

부암동

삼청동

혜화동

청운효자동

가회동

이화동

창신2동

숭인1동

창신3동

무악동

사직동

종로1,2,3,4가동

종로5,6가동

창신1동

숭인2동

교남동

동으로는 지봉로를 사이에 두고 숭인동과 경계를 이루고, 서로는 낙산공원에서부터 동대문 성곽공원까지 이어진 능선을 따라 이화동과 접한다. 남으로는 청계천을 경계로 신당동과 접한다. 청계천 위쪽 창신동에는 동대문신발도매상가, 청계천 아래 신당동에는 신평화시장과 동평화패션타운이 자리 잡고 있다. 북으로는 북서쪽에 있는 낙산공원의 능선이 북동 방향으로 이어져 내려와 그 위쪽 장수마을, 한성대학교 등과 경계를 이룬다. 전체적으로 낙산공원을 따라 북서쪽은 구릉을, 청계천이 있는 남쪽은 평지를 이룬다. 동대문역에서 청계천 사이에 있는 창신1동은 주로 평지인 반면, 그 북쪽의 창신2동과 창신3동은 경사가 가파르다.

창신동은 과거 마을에 복숭아나무와 앵두나무가 많았다고 전해지는 곳이다. 그래서 '붉은 열매로 맺는 나무로 둘러싸여 있다'는 의미로 '홍숫골' 혹은 '홍수동(紅樹洞)'으로 불렸다. 창신동이라는 지명은 이곳이 조선 시대 사대문 밖에 있던 한성부의 동부 12방 중 하나인 숭신방(崇信坊)뿐만 아니라 인창방(仁昌坊)이 속했던 곳이라고 하여 붙여진 것이다.

단종비 정순왕후는 동대문 밖에 위치한 청룡사 근처에 살면서 이곳의 산 능선에 있는 작은 봉우리인 동망봉을 바라보며 평생 동안 단종을 그리워했다고 전해진다. 당시 풍광이 수려해 양반들이 별장처럼 집을 짓기도 했었다. 특히 실학의 선구자였던 이수광은 이곳의 비우당에서 『지봉유설』을 집필한 것으로 유명하다.

1904년 이곳에 광장시장주식회사가 설립되면서 동대문 시장의 시초가 되었다. 포목점으로 시장이 발전하면서 1930년대 우리나라 포목의 대표 시장으로 발돋움하게 되었다. 당시까지만 해도 서울은 한옥이 주를 이루던 곳이었다. 일제 강점기에는 이곳이 경성부 직영 채석장으로 탈바꿈되면서

▲ 1930년대 한옥이 자리 잡았던 창신동(출처: 서울역사박물관)
▼ 창신동 판자촌(출처: 서울역사박물관)

석재 채취가 진행되었다. 지방에 살다가 서울로 올라와 자리를 잡았던 조선인이 모이는 장소 중 하나였다. 당시 일본의 조사에서는 서울에서 세 번째로 조선인 가구가 많았던 곳이었다. 이들은 토막집을 지어 살면서 날품팔이로 생계를 꾸려나갔다. 1930년부터 경성궤도주식회사가 운영한 전차도 이곳에서 시작되었다. 흥인지문 아래 이스턴비즈니스호텔 자리가 뚝섬까지 이어지는 전차의 시발점이었다. 동대문에서 왕십리까지는 전차가, 왕십리부터 뚝섬까지는 협궤열차가 다녔다.

해방 후에는 피난민과 이농민 등이 이곳에 들어와 임시로 지은 판잣집에서 거주하였다. 대부분 저소득층과 일용직 노동자들이었고, 하꼬방, 판잣집, 불량 주택들이었다. 판자촌 중 일부에는 아파트 단지가 들어서고, 철거민들은 다른 지역으로 이주시키기도 하였다. 당고개 길의 한 모퉁이에서 시작되는 창신동 골목은 창신6가로 이어지면서 도시 한옥, 양성화된 판잣집, 단독 주택으로 이어진다. 산업화 시기 도시 한옥은 대부분 다세대 주택으로 변화하였다. 더 올라가 축대 위에는 1970년대 지어진 주택들이 자리를 잡고 있다. 다세대 주택과 단독 주택 사이에 슬레이트로 지어진 건축물은 대부분 건축물대장에는 없었던 것들이다. 주택 지하와 1층은 소규모 공장이, 2층에는 주거 시설이 자리 잡았다. 반면 큰 도로변의 상가 건물의 경우 1층에는 상업 시설이, 2~3층에는 봉제 공장이 자리 잡았다. 일찍이 가난한 서민들은 창신동을 그들의 터전으로 삼았고, 지금까지 그 삶이 이어져 오면서 마을의 이야기를 계속해서 써 내려 가고 있다.

Tip

창신동 저 넘어 성북동 '장수마을'

서울성곽과 한성대학교 사이 골짜기 마을, 성북구 삼선동이다. '삼선평'이라는 들판이 펼쳐졌다 해서 이름 붙여진 동네지만 일부 평지와 함께 성곽을 끼고 경사진 사면에 위치한 지역이다. 기와가 떨어져 나간 지붕, 함석판 위에 간간히 올려진 타이어 등으로 가득한 달동네가 있다. 한국 전쟁을 전후로 가난한 서민들이 모여 지은 판자촌으로 형성되었다. 점차 축대를 세워 터를 튼튼히 하고, 저마다 경사진 면과 구부러진 길을 따라 집을 지었다. 세월이 흘러 주변 성곽이나 공원들이 새로운 옷을 입은 사이, 장수마을은 오히려 더 초라해만 갔다. 2004년 재개발 예정 구역으로 지정되었다가 사업성이 떨어져 진행이 멈춘 채 슬럼화되었다. 2008년부터 마을 가꾸기 사업 등이 진행되었고, 2013년 정비예정구역에서 해제되면서 주민 참여형 재생사업이 진행되었다. 먼저, 주민들의 생활을 위해 도시가스 및 하수관 등 주요 기반 시설이 정비되었고, 가로 환경이 깨끗하게 조성되었다. 노후·불량 주택은 개량할 수 있도록 재정적인 지원을 해 주고, 주거 안정화 지침을 마련해 주거 환경도 개선시켜 나갔다. 또한 빈집을 지역 자원으로 활용하여 리모델링을 통해 마을 박물관과 마을 카페 등의 주민 커뮤니티 공간을 조성하였다. 주민 참여를 통해 주민 공동체의 유지 및 발전을 이끌어낸 재생 사업의 성과는 서울을 비롯한 국내 도시들의 재생 사업의 모델이 되었다.

지리교사의 서울 도시 산책

백남준과 박수근,
두 거장의 공간이 되살아나다

    동묘앞역 8번 출구에서 종로를 따라 약 150미터 구간과 6번 출구에서 지봉로를 따라 약 100미터 구간은 예술의 거리로 재탄생되었다. 이곳에 한국 미술사의 두 거장인 백남준과 박수근의 집터가 있기 때문이다. '박수근과 백남준을 기억하는 창신동 길'이라는 공공 미술 프로젝트를 통해 두 사람의 작품을 설치하고 안내 표지판을 세워 창신동의 예술 문화적 가치를 알려 나가고 있다. 아트벤치(Art Bench)와 아트쉘터(Art Shelter) 등 6개의 공공

⇨
음식점에서
기념관으로

백남준이 청소년기를 보냈던 집터는 기념관으로 재탄생했다.

미술 작품이 설치되었고, 120개의 표지판을 설치해 두 집터로 가는 길을 안내하고 있다.

8번 출구에서 안내 표지판을 따라 130미터 오르면 우측으로 이어진 종로 53길과 만난다. 이 길을 따라 20미터 정도를 오르면 백남준이 살았던 197번지에 다다른다. 백남준은 1963년 독일 예술가 요제프 보이스와 함께 3대의 피아노와 13대의 텔레비전 모니터를 활용한 비디오 예술, 즉 미디어 아트를 선보인 미디어 아트의 선구자이다. 주택과 상가, 교회 등이 들어선 이곳이 모두 백남준의 집터다. 당시 99칸의 전형적인 상류층 가옥으로 그 규모가 무려 9917제곱미터(약 3000평)에 달했다. 여섯 살이었던 1937년부터 열아홉 살이 되던 1950년까지 백남준 선생은 이곳에서 유년기와 청소년기를 보냈다.

2015년 서울시에서는 도시재생 선도 사업을 추진하는 과정에서 197-33번지의 한옥을 매입해 백남준기념관을 조성하였다. 서울시립미술관에서 조성과 운영을 맡았다. '백남준 이야기', '백남준 버츄얼뮤지엄', '백남준의 방', '백남준에의 경의' 등 네 개의 상설 프로그램을 통해 그의 삶과 작품 세계를 다룬다. 백남준기념관은 그 자체로도 의미가 있지만 마을 단위의 소규모 문화 공간을 조성했다는 점에도 그 가치가 크다. 더군다나 도슨트(Docent, 안내자) 프로그램까지 함께 운영하면서 마을 주민들을 위한 문화예술교육 기회를 제공해 주는 주민 참여형의 재생을 실천해 나가는 과정이 돋보인다.

그런데 백남준 선생이 살았던 197번지를 이야기하면서 그의 아버지 백낙승을 빼놓는 일은 잘못이다. 육의전의 거상으로 대창무역주식회사의 창업주인 백윤수의 아들로 태어난 백낙승은 태창직물공업주식회사 사장으로

박수근 창신동 집 터

한국 최초의 재벌 칭호를 받았던 인물이다. 하지만 그는 일제 치하에서 사리사욕을 취하고, 제2차 세계대전에 군수품을 보급하고, 비행기 1대를 기부하는 등 대표적인 친일반민족 행위자였다. 즉 197번지는 미디어 아트의 창시자 백남준과 친일반민족 행위자 백낙승의 두 이름이 공존하는 곳이다. 백남준이라는 위대한 예술가의 이름으로 그의 아버지 백낙승의 행위가 지워져 버리는 그릇된 역사는 없기를 바란다.

동묘앞역 6번 출구에서 지봉로를 따라 청계천 방향으로 100미터 정도 오르면, 화가 박수근의 옛 집이 나온다. 강원도 양구에서 태어난 박수근은 1952년 전쟁을 피해 이곳에 옮겨와 터전을 잡은 후 1963년까지 머물렀다. 마을 재생 사업이 시작되면서 서울시에서는 이 집터를 매입해 기념관으로 조성하고자 다방면으로 노력하고 있다. 한 칸 정도 밖에 되지 않는 작은 집은 전쟁 직후의 가난했던 삶을 그대로 보여주고 있다. 이 작은 집이 존재했을 소소한 마을 풍경은 그의 작품 곳곳에서 배경이 되어 있다. '길가에서(1954년)', '절구질하는 여인(1954년)', '나무와 두 여인(1962년)', '유동(1963년)' 등 그를 대표하는 명작들이 모두 이곳에서 탄생하였다. '이삭줍기'와 '만종'의 화가 장 프랑수아 밀레를 존경했고 그처럼 소박한 삶을 작품에 담고자 했다. 그의 작품은 화강암 재질 같이 거친 마티에르 화법이 주를 이룬다. 표면은 검은 때가 낀 것처럼 투박하다. 아내 김복순이 아이를 업고 절구질하는 모습처럼 그의 작품은 일상의 삶 자체를 소재로 하고 있다. 여러 모습으로 등장하는 여인들의 모습은 아내의 다양한 모습을 변주한 표현이다. 그가 노동을 아름답게 표현하고자 했을지라도 작품을 보고 있노라면 삶이 고되어 보인다. 작품 속에 등장하는 나무들에는 하나같이 잎이 없다. 계절의 여운인 것인지, 삶이 고되었던 것인지는 모를 일이다.

창신동 봉제 골목은 '먼지가 되어', '이등병의 편지', '사랑했지만', '광야에서', '서른 즈음에' 등의 노래를 부른 가수 김광석이 살았던 동네이기도 하다. 노래하는 철학자라는 별명을 가진 김광석은 1964년 대구에서 태어나 초등학교 때부터 이곳에서 살았다. 그의 노래는 여전히 많은 사람들의 사랑을 받고 있지만 아직까지 그를 기리거나 기념하는 공간이 창신동에는 없다. 우리네 소박한 삶을 노래하며 진한 여운과 감동을 주었던 그의 노래를 이곳 봉제 골목에서도 들을 수 있기를 기대해 본다.

비디오 아트의 창시자 '백남준', 한국인의 서정적 삶을 그려낸 작가 '박수근', 노동자의 삶을 노래한 '김광석', 세 사람은 분명 이 골목이 키워 낸 예술가다. 창신동 골목에서 살았고, 여기에서 영감을 얻었으며, 각자의 꿈을 키워 나갔다. 이제는 재생의 과정에 서 있는 창신동 골목이 세 예술가들로 문화와 예술의 감성을 입은 골목길로 되살아나기를 기대해 본다.

동대문 패션 산업의 숨은 주역, 창신동 봉제거리박물관

봉제 거리는 동대문역 1번 출구 앞에서 북쪽 낙산성곽으로 이어지는 창신길과 그 주변 골목을 따라 형성되어 있다. 대부분 5층 이하의 건물들로 이어지는 비좁은 골목이다. 골목 초입에서부터 그 안쪽 300미터가량은 여러 상점들이 자리하고 있다. 음식점, 마트, 약국, 편의점, 부동산, 휴대전화 대리점 등으로 이어지는 거리는 여타의 골목과 별반 다를 게 없다. 골목 중간 패션, 봉제, 패턴, 미싱 등이 들어간 몇몇 간판들이 보이기는 하지만 봉제 거리다운 모습은 잘 드러나지 않는다.

창신제2동 주민센터를 지나서부터는 북적이는 골목이 한산해지고 조금씩 봉제거리다운 모습이 눈에 띈다. 수십 년의 세월에 빛바랜 벽돌집들 사이로 '드르륵, 드르륵' 하고 재봉틀을 돌아가는 소리가 골목을 울린다. 한 집 건너 한 집, 내기라도 한 것처럼 연신 시끄러운 소리가 이어진다. 하지만 봉제 골목 풍경은 우리네 일상처럼 금세 익숙해진다. 패턴, 마도메, 왁끼, 시아게, 객공, 시다, 아이롱사, 오바사 등 이름 모를 봉제 간판 경관이 봉제 거리임을 보여 준다. 디자인에 맞게 옷본을 제작하는 작업이 '패턴', 손바느질로 안감, 주머니, 단추 등의 부속물을 다는 공정이 '마도메', 안쪽의 솔깃을 박음질하는 작업이 '왁끼', 실밥 제거, 다림질, 포장 등 봉제 공정의 마지막 작업이 '시아게'다. 일당 노동자로서 하루 작업한 만큼 임금을 받는 사람들인 '객공', 보조의 일본말로 재봉사의 일을 돕는 사람인 '시다', 다림질을 하는 사람으로 마도메 작업이나 재봉 작업을 보조하는 사람인 '아이롱사', 원단을 자르면서 재봉하는 사람인 '오바사'가 일한다. 봉제 용어가 담긴 간판들로 채워진 창신동은 마을 전체가 서울미래유산으로 지정된 특별한 골목이다. 창신동 봉제 골목은 '창신동 봉제거리 박물관'으로도 불린다. 우리나라 산업화 시기의 모습을 고스란히 간직한 상징적인 공간으로서 그 가치를 인정받아 붙여진 것이다.

동대문 패션의 숨은 주역으로 수십 년의 세월이 흐르면서 골목이 허름해졌지만 재봉틀 돌아가는 소리만은 여전히 활기차다. 전체 공정을 담당하는 공장은 주로 마을 입구에, 재봉이나 시아게 등을 담당하는 소규모의 하청업체들은 마을 깊숙이 자리 잡고 있다. 소규모 봉제 공장은 주로 다세대 주택 1층 공간에 자리 잡고 있다. 간혹 건물의 지하 공간이나 주택을 통째로 봉제 공장으로 사용하기도 한다.

골목길 후미진 구석은 쓰레기봉투 차지다. 옷을 만들고 남은 원단 조각들로 가득찬 창신동 봉제골목의 쓰레기봉투는 패션업에 종사하거나 공부하는 학생들에게는 보물이나 다름없다. 쓰레기봉투 안에 담겨진 옷감을 꺼내 보면 지금 내지는 다음 계절에 유행하게 될 옷감, 색상, 디자인 등을 미리 파악할 수 있기 때문이다. 신기한 물건이라도 찾은 듯 하얀 봉투를 이리로 저리로 돌려 가며 그 안에 들어 있는 원단의 빛깔을 눈여겨보는 이들 사이로 골목은 더욱 깊어져만 간다.

창신동 봉제 골목의 역사는 1970년대 초반으로 거슬러 올라간다. 당시 동대문 평화시장으로 장사꾼과 중소제조업체들이 모여들면서 임대료가 급

다세대 주택 1층 상가에 자리 잡은 소규모 봉제 공장

왁끼, 마도메 등 봉제 골목의 간판 경관

봉제 공장과 슈퍼를 겸하는 영식품   봉제 공장으로 쓰고 있는 머리방

격히 상승했고, 결국 동대문에 있던 봉제공장들은 가까이 창신동에 터전을 잡게 되었다. 산업 전반에 거쳐 근로 여건이 열악했던 시기로 봉제업 종사자들 또한 장시간 노동에 시달려야 했다. 평화시장 봉제공장은 다른 지역에 비해 그나마 작업 조건이 나은 편이었다. 당시 종사자만 해도 약 15,000명에 달했을 정도로 봉제업은 우리나라 산업의 한 주축이었다.

1990년대 이후 산업 구조 변화와 개발도상국의 저가 공세에 밀려 국내 봉제 산업은 점차 침체되었다. 사업장의 약 90퍼센트가 10명 미만의 영세 사업장일 정도로 여전히 그 실정은 나아지지 않고 있다. 그나마 침체 속도가 상대적으로 더뎠던 탓에 오히려 빈 점포 속으로 봉제공장들이 파고들어 그 자리를 대신하고 있는 모습이다. 슈퍼마켓을 겸하는 봉제공장, 머리방이라는 간판을 단 봉제공장 등 옛 간판만이 덩그러니 남아 있을 뿐, 내부는 재봉틀이 서너 대 놓인 작업장이다. 천정에 붙어 있어야 할 형광등은 1m 정도 내려와 있고, 그 밑에서 미싱사들은 고개를 바짝 숙인 채 재봉틀 안으로 옷감을 밀어 넣는다. 요란한 소리와 함께 순식간에 제품의 한 부분이 완성된다. 상호까지 떨어져 나간 빛바랜 간판 풍경은 흡사 주민이 떠난 시골 읍내 풍경을 닮았다. 봉제 골목의 산증인 창신동 일대를 가로지르는 창신길은 낙산공원 앞 낙산 삼거리까지 이어진다. 한 발 또 한 발 내디딜 때마다 허리를 앞쪽으로 숙인 채 발뒤꿈치에 힘을 주어야 할 정도로 경사진 동네다. 1층이었던 곳이 몇 걸음만 올라도 금세 반 지하로 바뀌는 진풍경이 펼쳐진다. 발걸음이 무거워질 때마다 이렇게 경사진 골목을 삶의 터전으로 삼았던 봉제인들의 삶의 무게가 여실히 느껴진다.

수십 년이라는 세월이 흐르면서 봉제 골목이 입은 옷은 남루해졌다. 골목의 변신을 꾀하기 위한 재개발의 바람도 잠시 불었었다. 하지만 옛 골목 그

대로의 모습 속에서도 조금씩 활기가 되살아났다. 동대문 패션타운을 찾는 내외국인 수요가 증가하면서 창신동 봉제 공장도 함께 활력을 얻게 된 것이다. 침체의 기로에 섰던 봉제 산업이 이제는 창신동 골목에 새로운 활력소가 되었다. 봉제 산업은 마을의 기반 산업이자 신진 디자이너들의 꿈의 무대로, 봉제 골목은 사회적 경제의 열린 현장이자 젊은 예술가의 실험 무대가 되어 주고 있다. 화려한 동대문 패션 타운의 숨은 주역이었던 창신동의 봉제 산업이 이제는 봉제 골목 재생의 당당한 주인공이 되어 가고 있다.

동대문-창신동
의류 생산 24시

1970~1980년대 우리나라 섬유 산업의 성장을 이끌어왔던 것은 나일론과 아크릴 등의 합성수지 제품이었다. 창신동 봉제 산업은 나일론과 함께 성장해 왔다고 해도 과언이 아닐 정도로 여전히 인기다. 제2차 세계대전 후 나일론은 스타킹 제조용으로, 이후 양말과 의류 등의 원단으로 사용되었다. 나일론이 우리나라에 유입된 것은 1953년 일본을 통해서였다. 인장 강도가 다른 섬유보다 우수하고, 탄력성과 보온성도 뛰어나 초창기부터 큰 인기를 얻었다. 특히 가공이 어려웠던 한복의 대체재로, 초기 섬유 산업의 기반으로 확대되었다. 지금은 나일론 외에 면, 울, 모직 등 소비자의 다양한 기호에 맞는 원단이 사용된다. 동대문 시장에서 들여 온 원단을 재료로 창신동에서 패턴, 재단 및 재봉, 마도메의 1차 공정과 마무리 작업을 하는 시아게의 2차 공정을 거치게 된다.

동대문 패션타운의 숨은 주역, 배후 의류 생산지로 창신동은 3000여 개

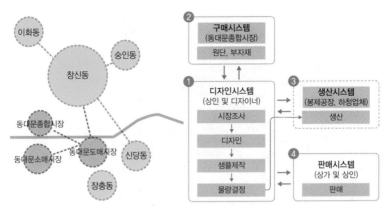

동대문 패션의류 생산-유통 과정(출처: 김경민, 2013 재인용)

의 제조 공장이 집적해 있는 동대문 패션 클러스터의 한 축이다. 지리적으로 디자인, 원자재, 생산 공장, 판매 시장 등이 함께 집적해 시너지 효과가 크다. 가내 수공업의 형태로, 사업체로 등록하지 않은 경우도 많아 정확한 통계는 없다. 동대문 시장을 중심으로 그 주변에 위치한 창신동, 숭인동, 이화동, 신당동, 장충동은 하부 생산 공장 라인을 형성하고 있다. 특히, 가장 큰 하부 생산 공장이자 시장인 창신동은 제품 생산 과정에서 원자재 시장과 판매 시장인 동대문 시장과 맞물려 24시간을 함께 돌아간다.

소비자의 구매 동향을 파악한 후 물건을 생산하는 반응생산시스템(QRS, Quick Response System)을 갖추어 시장 반응에 가장 발 빠르게 대응해 나간다. 구체적으로 생산 공정을 살펴보면 8시 무렵 창신동봉제종합공장이 동대문 시장에서 작업 주문 전화를 받으면서 시작된다. 봉제 공장은 9시부터 원단을 받아 재봉 작업을 하는 생산 공정을 착수한다. 오후가 되면 기본 재봉 작업이 끝난 것을 재단사가 재봉을 하고, 다림질 및 옷을 정리한다. 저녁부터 야간작업을 통해 1차 가공품을 마무리하여 시아게집으로 넘긴다.

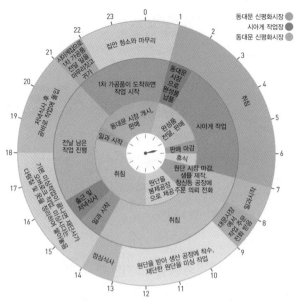

동대문-창신동 의류 생산 24시(출처: 서울역사박물관 'made in 창신동' 기획전)

시아게 작업은 주로 밤 9시 이후에 작업이 진행되며, 다음날인 새벽 한두시에 작업을 마무리하여 동대문 시장으로 최종 완성품을 넘긴다. 이처럼 동대문-창신동 의류 생산 시스템은 동대문 시장, 시아게 작업장, 봉제 공장 등이 서로 유기적으로 관계를 맺으며, 톱니바퀴처럼 맞물려 돌아간다.

거대 의류 클러스터를 형성하고 있는 동대문-창신동 의류 생산 시스템은 비교적 유연하게 시장에 반응해 나가고 있지만 창신동의 봉제 공장은 영세함을 벗어나지 못하고 있다. 게다가 가격 경쟁력뿐만 아니라 품질도 우수한 제3세계의 상품들이 시장으로 유입되고 있어서 앞으로의 전망도 밝은 편은 못된다. 결국 영세한 소규모 생산 시스템만을 무기로 한다면 동대문-창신동 의류 생산 시스템은 '동대문-중국' 내지, '동대문-동남아'로 바뀌게 될지도 모른다. 창신동 봉제 거리가 기억의 한 장면으로 남기보다는 계속해서 역동적으로 살아 움직이는 삶의 현장이 되길 바란다.

봉제업의 각 분야에서 숙련된 기능공들을 보유하고 있는 상황에서도 이탈리아 소규모의 봉제 공장들이 장인 기업으로 성장하지 못한 점이 아쉽다. 가까이 성수동 수제화 거리만 보더라도 비슷한 경력의 구두 기능공들이 장인으로, 공방이 노포로 인정받고 있는 상황이다. 창신동 봉제 거리도 봉제업 전반에 걸쳐 가치를 입혀 가는 산업 재생이 필요한 시점이다. 마을 기반 산업으로서 봉제업 종사자 스스로가 그 변화의 필요성을 인식하고, 개선하고자 하는 의지를 보여야만 한다. 더불어 정부 및 지자체에서도 창신동 도시 재생의 방향이 이곳 주민들의 삶의 현장인 산업 분야의 재생이 근간이 되어야 한다는 점을 인식하고, 자체 브랜드 및 장인 공방 등이 출현할 수 있도록 뒷받침해 주어야 할 것이다.

서울 도심 유일의 절벽 마을, 창신동 절개지

절벽에 기댄 동네 창신동, 거대한 파르테논 신전은 없지만 절벽 위 아래로 그려지는 풍경만은 고대 그리스의 아크로폴리스(Acropolis)를 빼닮았다. 거대한 절벽을 낀 마을 경관은 창신동의 또 하나의 모습이다. 이 절벽을 마을 주민들은 절개지라 부른다. 자연이 만든 것이 아니라 인위적으로 만들어졌다는 의미가 담겨 있다. 사실 절개지지에는 일제 강점기 식민지 조선의 애환이 서려 있다.

1910년 이후로 일본은 경성에 기반을 두고 앞다투어 식민지 건축물을 조성해 나갔다. 조선은행(현 한국은행), 경성역(현 서울역), 경성부청(현 서울시청)과 지금은 없어진 조선총독부까지 모두 이 시기에 건축되었다. 당시 식민지 건축에서 가장 필요로 했던 것이 건축의 주요 주재료인 석재였는데, 이 석재가 바로 창신동 낙산에서 채굴되었다. 1924년 이 일대가 경성부청과 가장 가까웠던 탓에 경성부에서 직영으로 운영하는 채석장이 되었다.

절개지, 그 위아래로 세워진 주택들

절개지 위에서 본 낡은 주택들

낙산의 산줄기가 계속해서 절개되면서 지금의 형태로 남게 되었다. 이렇듯 창신동의 절개지는 그 절개된 크기만큼이나 큰 우리 역사의 아픔이 서린 곳이다.

　1960년 이후 절개지를 따라서 하나둘 가옥들이 들어서게 되었고, 1970년대 들어서면서는 정부와 서울시에서 땅과 건물의 권리를 팔게 되면서 지금의 모습이 갖춰지게 되었다. 절개지 위로 이어진 낙산산성 부분은 옛 주택이 재건축되면서 주택의 규모가 큰 빌라 형태로 조성되어 있는 반면, 앞쪽의 봉제 골목은 큰 변화 없이 옛 건물의 흔적 그대로다.

세월 따라 창신동 절개지는 마을 주민들의 삶의 일부가 되었다. 좁다란 계단길을 따라 그 옆으로 절벽에 기댄 집들은 벽도 허물어지고, 기와는 떨어져 나갔다. 지붕도 역시 그 색은 이미 바랬지만 그 자체만으로도 정겨운 풍경이 된다. 아슬아슬 절벽 위에 놓인 집들은 손만 살짝 대어도 절벽 아래로 떨어질 듯 위태로워만 보인다.

절개지 위로 들어선 낡은 주택은 드라마와 영화의 배경이 되기도 하였다. 인기 드라마 〈시크릿 가든〉의 배경이 되었던 주택은 당시 모습 그대로 남아 방문 코스가 되었다. 하지만 관광 상품으로서 지역과의 연계성이 높지 않아 활용 방안에 대한 변화가 필요해 보인다. 건물 옆 절개지 위 공터에 만들어진 마을 텃밭도 마찬가지다. 도시 커뮤니티를 살리기 위한 재생 방법의 하나로 등장한 것이 마을 텃밭이다. 마을 구성원들이 한데 모여 서로 소통하는 공간으로 만들어졌지만 의도와는 달리 일회성적인 운영과 관리의 부재로 주민들 간에 또 다른 갈등이 유발되기도 한다. 마을 재생을 위해 여러 방면에서 노력하고 있지만 결국 관리의 부재로 인해 벌어지고 있는 일이다.

이와 같은 갈등에 어쩌면 최근에 마을에 들어선 '산마루놀이터'가 그 대안이 될 듯싶다. 좁은 골목 안에 어린 아이들이 자유롭게 뛰어놀 수 있는 공간이 없다는 점에 착안해 친환경 자연형 놀이터를 조성하였다. 놀이터 조성 과정에서 무엇보다 먼저 원주민들의 입장을 고려했기 때문이다. 소통을 통해 주민들의 자발적인 참여를 이끌어 낼 수 있었고 이를 통해 생동감이 넘치는 마을 분위기가 만들어질 수 있었다. 원통 골무 모양의 조형물 '풀무 골무'는 봉제 산업 메카라는 창신동의 지역성을 살리고 있다. 기존의 미끄

산마루놀이터(출처: 창신숭인 도시재생 협동조합)　　　　　　　　　　창신동 도시 텃밭

창신소통공작소　　　　　　　　　　　　　　　　　　　　천개의 바람

럼틀이나 그네 등으로 일관되었던 놀이시설 대신 아이들 스스로 만들고 찾아보며, 경험할 수 있는 수준 높은 체험 공간으로 조성되다 보니 주민들의 만족도가 높다. 방문자들을 유인하는 데만 급급했던 재생의 과정에서 원주민의 정주 환경 개선과 공동체 회복이 우선시되어야 함을 보여 주는 사례다. 절개지에서의 삶을 살아왔던 마을 주민들에게 '재생'이라는 이름이 한 줄기 따사로운 햇살로 다가가길 바란다.

봉제거리 박물관, 창신동

창신 마을
답사길

　소박하면서도 정이 넘치는 골목, 소소함 속에 즐거움이 가득한 골목, 각양각색의 이야기가 피어 오르는 골목이 창신동이다. 특히 창신동 봉제거리의 중심 무대인 창신길과 함께, 낙산5길, 창신6가길, 종로51길, 창신5길로 이어지는 골목은 1970~1980년대 창신동의 옛 모습을 고스란히 간직하고 있어 골목 답사지로도 각광을 받고 있다. 낙산5길과 창신6가길을 따라 절개지와 당고개가, 창신6가길과 창신5나길을 따라 1970~1980년대 마을 풍경이, 종로51길을 따라 창신골목시장, 종로와 종로51가길을 따라 네팔음식 거리가, 창신50길과 종로52길을 따라 각각 인장골목과 문구·완구 골목이 형성되어 있다.

　먼저 절개지 남쪽으로 이어진 창신6가길을 따라 내려가다 보면 도시 재생의 일환으로 조성된 '창신소통공작소'와 '산마루놀이터'가 자리 잡고 있다. 이곳은 옛 도당(都堂)이 있었던 곳으로 '당현'이라고 불렸고, 놀이터 조성 전까지 당고개 공원이 있었다. 낙산 신령들이 모여 있어서 점괘가 잘 나오는 곳이었는데 일제 강점기 채석장으로 바뀌면서 바위가 깨지는 소리에 산신령들이 미아리 고개로 떠나가 버렸다는 이야기가 전해진다.

창신소통공작소는 공공미술 시범사업 공모를 통해 〈창신Re야기〉 프로젝트 사업으로 문을 연 생활창작예술거점공간이다. 지역 주민의 주도로 만들어진 〈창신소통공작소 지역주민협의회 씨앗〉을 통해 창작자들과 함께 다양한 문화예술 프로그램을 운영하며 주민들에게 문화 향유의 기회를 제공하고 있다. 컵이나 그릇 등에 그림을 그려 보는 손동작 프로그램, 의자, 간판, 도마 등을 제작해 보는 목공작 프로그램, 재봉이나 다리미질 등을 경험해 보는 봉제 공작 프로그램 등이 진행된다. 이를 통해 마을 주민들의 문화 체험 및 커뮤니티 공간으로서의 역할을 담당해 나가고 있다.

산마루놀이터 아래로는 급경사를 이루는 골목길이 이어진다. S자형으로 소용돌이치듯 돌고 돌아 일명, '회오리 길'로 불린다. 천천히 내려가기 위해 발가락을 구부려가면서 온 힘을 실어도 종종 걸음으로 발걸음이 빨라지고 마는 아찔한 내리막이다. 담벼락을 버팀목 삼아 힘겹게 오르내리는 주민들의 발걸음에서 삶의 애환이 느껴진다. 특히 두 번째로 큰 회오리가 치

'회오리 길'로 불리는 창신6가길

새롭게 변화되고 있는 회오리길의 풍경

는 595번지는 경사진 길을 따라 주택 담장과 기와도 함께 회오리치듯 따라 내려가는 풍경이 흥미롭다. 낡은 단층 주택이지만 쪽방처럼 골목 길을 따라 작은 출입문을 내고 있다. 한 주택임에도 경사를 따라서 문 높이가 점차 낮아지는 풍경이다. 내리막길을 따라 골목 곳곳에 주차된 승용차들은 위태로워 보인다. 이렇게 소소한 풍경들 하나하나가 모여 창신동의 이야기가 된다.

오르락내리락 경사진 골목에 조금만 변화를 주어도 괜찮을 듯싶다. 한두 번쯤 방문해 산책 삼아 걷는 것조차 힘겨운 동네다. 수십 년의 세월을 매일 매일 오르내려야 했던 주민들이 조금은 쉽게 걷는 길이 되면 어떨까?

소박하게나마 주민들을 위한 작은 아이디어들이 창신동 골목에 피어났으면 하는 바람이다. 이것이 주민들의 생활 여건을 조금이라도 개선해 줄 수 있다면 그것이 재생이다. 하천이 곡류하듯 구불구불한 골목에 폭 1미터 남짓한 계단 길을 조성하고 경사진 길과 계단 길 사이에는 도로 손잡이를 설치하여 운동이 되는 산책길을 조성하면 어떨까? 595번지는 다행히 서울시에서 매입하여 앵커 시설로 활용하며, 마을에 활력을 불어 넣고 있다.

산마루놀이터에서 창신6가길을 따라 약 150미터의 경사진 길을 내려가다 보면 그 골목 끝에서 창신6길과 만난다. 먼저 정면으로 보이는 제일부동산, 서울미싱 등 오래된 간판들이 이곳의 역사를 말해 준다. 간판만 부동산일 뿐 건축 자재를 판매하고 제작하는 목공소다. 수십 년의 세월 동안 이 골목을 지켜 온 서울미싱도 이제는 꽤나 남루해진 모습이다. 40년의 세월은 족히 거슬러 올라가야 볼 수 있을 법한 골목 경관이 우리네 옛 골목의 향수를 불러일으킨다.

골목 안을 거닐수록 낯설었던 풍경들은 조금씩 익숙해진다. 얼마 걷지

지리교사의 서울 도시 산책

595번지 재건축 전

595번지 재건축 후

목공소로 사용되고 있는 제일 부동산

서울 미싱

않아 창신고물상 앞에서 멈춰 서게 된다. 폐지를 가득 담은 수레를 세워 놓고 저울질하며 고물상 주인과 흥정하는 노부부의 모습이 보인다. 제법 무게가 나가 보이는데도 20킬로그램이 채 안 되는 모양이다. 5000원 남짓한 돈을 받고는 서로 마주보며 웃음꽃을 피우는 모습도 정겹다. 다시 수레를 끌고 나서는 노부부의 발걸음이 한결 가벼워 보인다.

전통과 이국의 만남,
창신골목시장과 네팔음식거리

창신5나길 골목을 따라 내려와 종로51길 골목으로 들어서면 창신골목시장에 다다른다. 재래시장을 방문하는 것은 마을 답사의 또 다른 묘미를 선사한다. 소박한 봉제 골목 분위기와 제법 잘 어우러지는 모양새다. 분주한 마을의 일상이 펼쳐지는 현장으로 시장만한 곳이 없다. 시장 초입으로는 과일가게, 건어물가게 등이 자리하고 있다. 규모는 작지만 시장 골목 안쪽으로는 떡볶이 골목, 족발 골목도 형성되어 있다. 골목 시장 내 맛집들은 어느새 외지인들에게까지 알려져 이곳을 찾는 식객도 제법 많아졌다. 특히, 창신골목시장의 명물인 족발 골목은 40년이라는 세월 동안 매운 족발로 꾸준히 인기를 얻고 있다. 현재도 10여 개의 족발 가게가 각각 '매운 족발'이라는 간판을 달고 성업 중이다. 입안을 얼얼하게 만드는 매운 족발을 먹고 나면 저절로 쏟아나는 기력에 밤샘도 가능했다는 창신동 봉제인들에게는 추억이 어린 음식이다. 족발 골목 최고의 맛집은 '불족발'로 오랫동안 인기

창신골목시장

족발 골목

네팔음식문화거리

를 얻고 있는 창신동매운족발이다. 1970년 마장동에서 족발 장사를 하다가 창신골목시장으로 옮겨와 이곳 최고의 맛집으로 손꼽히게 되었다. 그 위에 자리한 옥천매운왕족발과 옥천왕족발도 족발 골목에서만 40년이 넘은 맛집으로 소문난 명소다. 창신골목시장의 먹거리는 고된 하루를 위로해 주고 힘이 되어 주었다. 단순히 음식을 맛보는 곳이 아니라 골목에서의 추억과 즐거움을 맛보는 곳이 창신골목시장이다.

종로51길을 따라 내려오다 보면 골목은 금세 이국적인 풍경을 띠기 시작한다. 골목 끝에서 종로51가길로 들어서면 적어도 한 집 걸러 한 집에 낯선 문자로 된 간판이 걸려 있다. 고대 인도에서 생겨나 발달한 데바나가리문자로 표기된 것이다. 히말라야, 뿌잔, 낭로, 에베레스트, 나마스테 등의 상호에서부터 네팔의 음식을 파는 가게임을 보여 준다. 동대문역 3번 출구에서 동묘역까지 이어지는 종로 도로변에서부터 그 안쪽 골목까지 수십여 개의 음식점들이 한데 모여 네팔음식거리를 이룬다.

녹두와 향신료가 들어간 수프인 '달(dal)', 우리나라의 밥과 같은 '밧(bhat)', 커리를 말하는 '탈카리(tarkari)' 등 우리나라에서는 그다지 잘 알려지지 않은 네팔의 전통 음식을 만날 수 있어서 흥미롭다. 강황, 고수 등과 같은 향신료가 음식의 풍미를 더한다. 네팔인들은 이것을 손으로 비벼 먹는데, 이런 문화에 익숙하지 않은 내국인들에게는 수저가 제공된다. 전통문화 거리로 알려진 종로 일대에 네팔음식거리가 형성된 것도 창신동 봉제거리와 밀접한 관련이 있다. 1990년대 후반부터 네팔인들이 봉제 공장의 노동자로, 장신구 수입상으로서 창신동으로 들어왔기 때문이다. 이들은 자연스럽게 창신동 골목 한쪽에 터전을 잡게 되었고 점차 네팔인들 만의 거리를 형성해 나갔다. 2000년대 이후로는 네팔인과 인도인들을 상대하는 음식점과 잡화점 등이 대로 주변을 비롯해 골목 안쪽에도 자리를 잡게 되었다. 초원교회를 중심으로는 네팔인의 커뮤니티가 형성되었고, 점차 확대되어 지금과 같은 골목 경관을 갖게 되었다.

50년 역사의 노포 골목, 인장 골목과 문구·완구 거리

창신동의 종로 거리는 60년을 훌쩍 넘는 역사를 자랑하는 인장 노포 골목이기도 하다. 인장 골목은 6·25전쟁 후 1950년대부터 종로 거리를 중심으로 청계천까지 이어졌었다. 지금은 지하철 동대문역 4번 출구 앞 종로 길에서부터 시작해 동묘앞역 7번 출구까지 약 300미터의 구간에 형성되어 있다. 7번 출구 앞에서 오른쪽으로 이어진 종로50길이 인장 골목의 중심이다. 여기에 현인당을 비롯해 거인당, 태광인재사 등 창신동 대표 인장 노포들이 자리하고 있다. 여전히 40여 곳의 업체가 운영 중인 국내 최대의 인장 골목이다. 값이 싼 목도장, 악귀를 쫓는다는 대추목, 그리고 플라스틱, 물소뿔, 상아, 회양목에 이르기까지 다양한 인장 제품들이 만들어진다. 특히 국내 옥 중 단연 으뜸으로 알려진 춘천 옥으로 만든 인장은 수백 만 원을 호가한다. 사양 산업으로 인기는 시들해져 가고 있지만 그 가운데에서도 꿋꿋이 살아남아 그 명맥을 유지해 오고 있다. 지금은 대부분 컴퓨터 작업으로

창신동 인장 양대 산맥 현인당과 거인당

제작되지만 인장 장인들은 아직도 도장을 직접 판다. 먼저 도장 면을 갈고 사포질을 한 후 붓 펜으로 밑 글씨를 쓴다. 이후 글씨를 따라 전동 도구를 이용해 판 뒤, 다시 칼로 정교한 부분을 다듬는다. 봉제 작업의 사아게 작업과 같은 마무리 단계를 거치면 하나의 도장이 완성된다.

이곳 창신동 인장 골목의 인장 양대 산맥은 현인당과 거인당이다. 종로 50길 초입에 자리한 현인당의 인장 장인은 20대 초반에 서울로 올라와 당시 종로에서 제일 잘나간다는 상인당에서 기술을 배워 지금에 이르고 있다. 아이러니하게 박정희 전 대통령의 도장도, 그의 딸 박근혜 전 대통령의 국정 농단을 수사했던 특별검사팀의 도장도 이곳에서 만들어졌다.

현인당 아래 거인당은 인장 공계 분야에서 으뜸으로 손꼽히는 인장 장인의 가게다. 어릴 적 춘천에서 인장 공예를 배웠고, 1960년대에는 동화백화점 인장부에서 근무하면서 실력을 쌓았다. 1978년 종각에 거인당을 개업한 후, 1983년 이곳으로 이전하였고, 50년 넘게 인장업에 종사해 오면서 2008년 인장공예 부문 명장의 반열에 오르게 되었다. 김영삼, 김대중 등의 전직 대통령을 비롯해 재계 유명 인사들의 인장이 이곳에서 만들어졌다. 조지

국내 최대의 문구 시장인 창신동 문구·완구 거리

W 부시 전 미국 대통령이 방한했을 때 그의 부인 바버라 여사와 딸 제나에게 선물로 준 도장도 바로 이곳에서 만들어졌다.

지하철 1호선 동대문역 4번 출구에서 종로 길을 따라 약 30미터를 걷다가 독일약국 옆 오른쪽으로 이어진 종로52길로 들어선다. 만화 속에서 봤던 온갖 장난감부터 수백 가지에 달하는 문구 용품이 골목에 차고 넘친다. 인형, 장난감, 퀵보드, 만화 캐릭터가 그려진 우산, 필기 용품을 비롯해 파티 용품까지 별천지가 펼쳐진다. 1960년대부터 형성된 창신동 문구·완구 거리는 어느새 60년의 세월이 흘러 지금까지도 굳건히 국내 최대의 문구·완구 시장으로 자리매김하고 있다.

골목 초입 이화사부터 시작해 길 양쪽으로 2층 규모의 가건물이 100미터가량 이어진다. 종로52길은 경인문구 앞에서 종로54길과 만나 최대의 집산지를 이룬다. 경인문구 맞은편 승진완구 전면에는 위아래로 거대한 곰

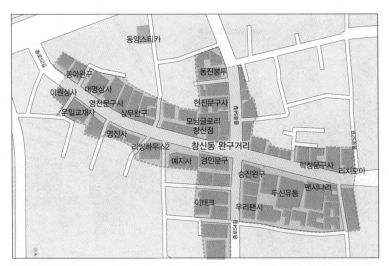

창신동 문구·완구시장

과 고릴라 인형 조형물이 '동대문문구·완구'라는 안내판을 들고는 그 위용을 뽐낸다. 사거리를 지나 문구·완구 거리는 동묘역 6번 출구까지 이어진다. 십자수 상품을 취급하는 문호사, 문구잡화 및 테이프 등을 취급하는 현대문구, 가방 제조 판매 업체인 다운타운, 유치원용품전문점인 학창문구와 경성사 등 터줏대감으로 이곳에서 오랫동안 자리매김해 온 상점들이다.

사거리 남쪽으로 뻗은 종로54길은 일명 '수족관 거리'로, 수족관을 판매하는 상점들이 종로44길까지 이어진다. 간간이 캐릭터 팬시점이 모여 있는 가운데 그 사이로 10여 곳의 체육사도 자리하고 있다. 사거리 북쪽으로는 화방, 사무용품, 복사지 등을 판매하는 문구 상가가 집적해 있다. 몇몇 인쇄소가 골목 끝에 자리 잡고 있는 것만으로도 전후방 효과가 있는 모양새다.

이 거리는 1960년대 동대문역 주변에서 볼펜, 연필, 노트 등 필기도구를 판매하는 노점상과 가게가 생기면서 시작되었다. 1970년대 들어와서는 문구류 상점들이 속속 자리를 잡으면서 문구·완구 시장이 형성되었다. 주로

승진완구

종로과학교재

필기도구에 국한되었던 상품의 종류도 늘어나 장난감, 파티 용품, 체육 용품 등 그 품목이 다양해졌다.

그러나 대형 마트의 등장과 정부의 '학습준비물 지원제도'●의 시행으로 문구점들은 위축되었다. 대형 마트의 문구류 판매 제한, 시도 교육청의 쿼터제 등의 대안을 마련하고 있지만 아직까지 그 실효성이 크지는 않은 모양새다. 그래도 여전히 120여 개의 중소업체들이 이곳 창신 문구·완구시장에 남아 꿋꿋이 그 명맥을 유지해 나가고 있다. 도매와 소매를 겸하여 평균적으로 소매가격보다는 20~30% 싼 가격에 상품이 거래된다. 공장에서 생산한 제품들이 중간 유통 단계를 거치지 않기 때문에 크게는 50%까지도 저렴하다. 국산 제품들이 주를 이루지만 완구류에서는 중국산 제품이 점점 증가하는 추세다. 피규어와 드론 등 주로 마니아 사이에서 인기 있는 상품

● 각 시도 교육청의 예산 지원을 받아 단위 학교에서 학습 준비물을 최저가 입찰을 통해 일괄 구매하는 제도이다.

들도 이곳에서는 쉽게 찾을 수 있다.

창신동 문구·완구시장은 여러 위기를 겪었으면서도 2015년 문화관광부의 '관광특구 지원 사업' 대상으로 선정되었고 2016년에는 종로구청에서 관광 특구로 지정되어 '동대문 보물섬, 문구·완구 거리 특화사업'도 진행되었다. 관광 특구로 알려지면서 투어 코스로 이 거리를 찾는 사람들은 내국인과 외국인을 가릴 것 없이 많아졌다. 그러나 이러한 변화가 바로 큰 수익으로 이어지는 것은 아니다. 관광객들의 방문으로 시끄럽고 불편해진 골목 풍경에 몇몇 상인들은 달갑지 않은 표정을 지으며 볼멘소리를 내기도 한다. 하지만 상인들도 이 거리에 활기가 돌아야 살아남을 수 있다는 사실을 느끼고 있다. 조금 불편하더라도 이것이 창신 문구·완구거리가 나아가야 할 방향이기 때문이다. 10년 후, 20년 후에도 이 거리가 지도에서 지워지지 않고 지금의 풍경 그대로 그려지길 바란다.

재생으로 옷을 입는
창신동

동대문 패션 산업의 숨은 주역인 창신동. 낙산 아래 산비탈을 따라 들어
선 마을은 세월에 빛바랜 옷을 입은 지 오래다. 절개지 위아래로 축대에 기
대어 기형적인 건축물로 이어진 고단한 삶의 현장은 여러 차례 재개발의
위기 속에서 끝까지 살아남았다. 먼저, 2002년 뉴타운 산업이 진행되었다
가 주민들의 반대에 부딪혀 해제되었다. 이후 2007년 창신·숭인 재정비촉
진지구로 지정되어 전면 철거 방식의 재개발 계획이 추진되었다. 이 또한
지역 주민들과 봉제 산업 종사자들의 반대로 연기되었다. 기본 공동 주택
건축에서는 볼 수 없었던 공동 작업장을 조성하는 안까지 제안되었지만 사
업은 무산되었다. 그동안 지자체, 재개발 조합, 주민(찬성 측 주민과 반대
측 주민) 간의 갈등으로 사업이 표류되면서 5년 이상 마을 기반시설의 투자
가 중지되었다. 그 사이 주거 환경은 열악해져 갔고, 도로 및 주택 등의 노
후화가 심화되었다. 이렇게 낙후되어 버리고 나면 대부분 지자체들은 손을

놓은 채 주민들의 반대에도 재개발의 수순을 밟아 나갔다. 도심이나 부도심이 아닌 이상, 낙후되어 간 지역들의 지가는 오히려 하락해 재개발을 추진하는 조합과 수주 업체들에게 유리하게 돌아가는 형국이 되었다.

얼마 전 재개발이 진행된 안양시 호원지구의 사례에서만 보더라도 약 132제곱미터(약 40평) 대지에 4층 건물의 토지 소유자가 주변 주택 거래 금액의 절반도 못 미치는 공시지가●로 산정된 보상금만 받고 떠나야 했다. 이 지구의 경우 10여 년이 넘은 재개발의 소용돌이 속에서 주민들은 세금만 내는 가운데, 마을의 기반 시설은 전혀 개선되지 않았다. 더불어 재개발 지구로 묶여 자신의 주택을 수리하거나 재건축할 수 없었다. 지자체가 마을을 낙후 지역으로 만들어 가는 데 한몫한 것이다. 당연한 권리를 누리지도 못하고 자기 자산의 가치를 제대로 평가받지도 못했다. 대부분 노년층이었던 주민들은 뿔뿔이 흩어졌고, 이에 대한 저항이나 합리적인 보상을 받지 못했다. 공시지가를 기준으로 2016년 평당 약 900만 원의 보상금을 받았지만, 2017년 아파트 분양가는 평당 1700만 원이 넘었다. 주민들에게 돌아가야 할 이익이 적법이라는 이름으로 편취당하고 만 것이다.

한편 당시 정부에서는 주택 공시지가 실거래에 50% 정도 밖에 못 미쳐 현실 반영률이 너무 낮다는 지적에 공시지가 재조정을 진행하기로 하였다. 실거래가 반영률(현실화율)을 높여 적절한 세금을 부과해 과세의 형평성을 살린다는 취지다. 결국, 주택 공시지가 산정이 거래 금액과 큰 차이가 있다는 점을 인정한 것이다.

● 표준지공시지가는 감정평가사가, 개별공시지가는 시·군·구 공무원이 조사한다. 중개업소나 인터넷 등 자료를 수집해 시세의 90~100% 수준으로 범위를 설정한다. 이후 안전성을 위해 '공시비율' 80%를 곱해 공시지가를 산정한다.

지리교사의 서울 도시 산책

서울시는 이미 이 문제를 인식하고 재개발 지역에 대한 주민들의 의사를 재조사하였다. 재조사 과정을 통해 재개발 사업이 부당한 경우 이를 철회하도록 하였고, 조합 철회와 관련해 보상해 주며 원주민들의 재산권을 지켜내는 행보를 보였다. 이곳이 바로 창신·숭인 지역이었다.

그 결과 창신·숭인 지역은 2014년 국토교통부 선정 13개 도시 재생 선도 지역으로 선정되었다. 이를 통해 주민들의 주건 환경 개선, 지역 경제 활성화, 역사문화 자원화, 주민역량 강화 등의 사업이 진행되었다. 2015년 서울시에서는 '서울형 도시 재생 1호'로 창신·숭인 지역에 마을 재생을 위해 약 1000억 원(시비 900억 원, 국비 100억 원)에 달하는 예산을 투입하기로 결정하였다.

봉제 산업에 기반한 마을의 특성을 살려내기 위해 봉제박물관을 짓고, 봉제 거리와 봉제공동작업장을 조성하였다. 창신동 657번지에 신축된 봉제박물관은 봉제 산업의 스토리를 담아내고, 체험 프로그램도 개발하였다. 창신동만의 스토리를 살려내면서 지역 주민들이 중심이 되도록 마을 조직과 협업해 나갔다. 동대문역에서 시작해 봉제박물관을 지나 낙산 성곽 동 길로 이어지는 봉제 거리도 조성하였다. 방문객들이 봉제인의 삶의 터전이 되었던 창신동 골목을 직접 체험해 보는 코스를 관광 상품으로 개발하였다. 더불어 지역에 신진 디자이너들의 사업을 돕기 위해 10여 곳의 봉제공동작업장이 만들어졌다. 이 작업장에서는 신진 디자이너들이 직접 디자인한 것을 봉제 산업 종사자와 연계해 제작한다.

2017년 서울시 도시·건축공동위원회에서 창신동·숭인동 일대를 지구 단위로 묶었다. 도시 관리 계획이 없었던 지역이 지구 단위 지역으로 지정되면서 관리 계획이 세워지게 되었다. 이로 인해 도시 기반 시설을 신설하

동대문 지구단위계획구역 위치도(출처: 서울시)

게 되었고, 건축물의 용도와 밀도, 높이 등 건축물 관한 계획, 주차장 설치 기준 완화 구역이 지정되었다. 특히 절개지 아래 쓰레기 차고지와 기동 경찰대 건물, 창신아파트 등이 야외 음악당으로 새롭게 태어나게 되었다. 창신동은 지금, 봉제 산업이라는 산업 유산의 기반 위에 마을 재생을 이끌며, 지역의 가치를 되살려나가고 있다. 봉제 산업을 마을의 장소 마케팅으로, 이를 체험 장소와 관광 코스로 연계하여 마을의 새로운 발전 모델로 만들어 가고 있다.

사회적 경제의 실험 무대
창신길

패션봉제인의 쉼터(동대문의류봉제협회)

3000여 개의 소규모 봉제 공장이 자리 잡고 있는 창신동은 이제 동대문 패션을 창조하는 생산 거점만이 아니라 사회적 경제의 새로운 실험 무대이기도 하다. 동대문역 1번 출구에서부터 이어진 창신길을 따라 낙산성곽으로 골목길을 오르면 서울의류봉제협동조합, 아트브릿지, 한다리중개소, 000간, 어반하이브리드 등 사회적 기업들을 만날 수 있다. 이들은 창신·숭인의 마중물 사업 후 출범한 '창신·숭인 도시재생협동조합'으로 창신동의 새로운 활력을 불어 넣고 있다.

연고라고는 전혀 없었던 이곳에 사회적 기업가들이 터전을 삼은 것은 위험한 모험이다. 아마도 이들이 젊은 열정으로 가득한 청년들이었기에 가능한 일이 아니었을까 싶다. 청년들은 주민들과 함께 지역 사회를 만들고 마을 재생을 위해 다양한 노력을 해 왔다. 초기 지역 아동센터 아이들과 주민들을 대상으로 무료 문화 교육을 진행하고 이야기를 나눌 수 있는 마을 사랑방을 조성하였다. 관계를 통해 조금씩 이질적인 거리감을 줄여 나가면서 지역 주민들과 함께하는 마을 프로젝트를 실천할 수 있었다. 사무실도 마을 골목의 한 부분처럼 소박하게 마련해 놓고 누구나 쉽게 다가갈 수 있는 공공의 공간으로 만들었다.

먼저 창신길을 따라 200미터 정도 오르면 서울의류봉제협동조합이 자리 잡고 있다. 서울의류봉제협동조합은 지역 내 봉제 기술자들의 모임인 647모임(647번지에서 공장을 운영하는 기술자들의 모임)에서 시작하여 의류봉제사랑회로 발전하였다. 2013년 창신동 일대 소규모 공장을 운영하는 사업가들이 모여 협동조합을 설립하였다. 290여 명의 조합원 중 80% 이상이

옛 간판을 그대로 사용하고 있는 한다리중개소

창신동라디오방송국 '덤'과 문화예술 사회적 기업 '아트브릿지'

소규모 공장을 운영하는 영세업자다. 협동조합으로 승인받아 정부의 지원을 받게 되면서 그 동력은 더욱 강화되었다. 이들은 공동 브랜드 개발 및 공동 구매 등의 다양한 방안을 수용해 수익 창출에 기여하고 있다. 물품을 대량 구매해 조합원들에게 저렴하게 판매하여 생산비 절감에도 도움을 주고 있다. 특히 1000개에 달하는 미등록 업체의 사업자 등록을 지원하고 있다는 점이 고무적이다. 영세 사업자들에게 부담이 큰 부분이지만 이를 통해 공장 근로자들의 근무 여건을 개선해 나가고 있다.

창신길 따라 200미터를 더 오르면 동부여성문화센터 앞으로 지역 문화예술교육활동 단체인 아트브릿지가 자리 잡고 있다. 2007년에 설립된 아트브릿지는 우리 역사와 문화를 배경으로 하는 문화 공연을 제작하는 사회적 기업이다. 2011년 한국문화예술진흥원에서 진행하는 별별 솔루션에 참여해 창신동 지역의 아동들과 교류하였다. 아이들과 함께 '조선배우학교'라는 공연을 제작하면서 창신동의 문화예술교육을 이끌어가게 되었다. 2013년부터 산하에 '뭐든지 예술학교'를 설립하여 지역을 기반으로 한 문화 예술 활동을 전개해 나갔다. 이를 계기로 지역 콘텐츠를 제작하고, 주민을 대상으로 한 연극 교실을 열고, 공연 프로그램을 진행하였다. 공연 의상은 서울의류봉제협동조합과 협력해 제작하였고, 사무실은 창신동 라디오방송국 덤을 통해 3년간 무상으로 대여하였다. 창신마을넷모임을 비롯해 활동 과정에서 지역 내 다른 사회적 기업과 협력해 나가는 과정이 돋보인다.

창신길을 따라 150미터 정도 더 오르면 사회적 경제 조직을 연결하는 한 다리중개소가 자리 잡고 있다. "한 다리만 건너면 만나는 사람들, 그 다리를 연결합니다."라는 모토로 2015년 이곳에 들어와 지역 내 주민들의 사랑방 역할을 담당하고 있다. 마을 내 사랑방 역할을 해 왔던 옛 구멍가게처럼

서울역사박물관과 연계하여 'Made in 창신동' 프로그램을 개발한 '000간'

사무실도 '송림슈퍼마켓'이라는 옛 간판을 그대로 사용하고 있다. 주민들이 함께 이야기를 나누고 마을 소식을 전하는 '주민토크쇼', '창', '밥상 모임' 등의 모임을 진행하며 주민들과 한층 더 가까운 관계를 형성하였다. 이는 주민들의 참여를 이끌어 냈고, 이를 통해 마을 배움의 자리로 창신은대학, 봉제아카데미 등의 사회적 경제의 역량이 결집될 수 있었다. 지역을 기반으로 한 문화 기획을 배우고, 스스로 마을 기획자가 되어 보는 지역 밀착형 협업 활동으로 사회적 경제 방식을 통해 마을 재생을 이끌어 내었다.

한다리중개소에서 창신길을 따라 100미터 정도 더 오르면 젊은 청년 예술가들이 창업한 '000간'이 자리 잡고 있다. 2011년 이곳에 문을 연 000간은 '공공공간'이라고 읽는다. 그 이름처럼 '공공의 공간'을 의미한다. 조금 더 깊게는 이 공간이 비어 있으면서 다른 이름들로 채워지기를 기다리는 의미의 '0(공)'과 사이·틈이란 뜻의 '간'을 합한 것이다. 젊은 예술가다운 발상이 돋보인다. 한국사회적기업진흥원과 고용노동부에서 주관하는 '청년 사회적 기업가 육성사업'에 선정되어 사업비를 지원받았다. 2013년 '기억의 지도'라는 이름으로 서울역사박물관과 연계하여 'Made in 창신동' 프로그램을 개발하였고, 2014년 현대자동차그룹의 지원을 받아 도시재생 프로젝트도 함께 진행하였다.

마지막으로 서울대학교 공정개발공유가치센터가 중심이 되어 설립한 어반하이브리드다. 창신동을 비롯해 서울 곳곳에 공정한 개발을 통해 지속가능한 지역사회를 실현하고자 만들어진 사회적 경제다. 신림동에서는 청년 창업자와 프리랜서를 위한 코워킹 비즈니스공간을 제공하고, 지역 커뮤니티를 활성화하는 '신림아지트'를 운영하고, 강남구 역삼동에서는 공동주거 공간인 '쉐어하우스 웨어원'을 운영한다.

이에 앞서 창신동은 이들에게 첫 번째 실험 무대가 되었다. 창신동 지역 연구를 통해 관광 산업의 가치로 패션거리 조성과 지역 상품 개발로 창신테이블의 입지를 계획하였다. 2013년 봉제업자와 독립 디자이너를 연결하

Tip

사회적 경제조직의 유형

구분	정의
사회적 기업	영리기업과 비영리기업의 중간 형태로, 사회적 목적(취약 계층에게 사회서비스 또는 일자리 제공)을 우선적으로 추구하면서 재화·서비스의 생산·판매 등 영업 활동을 수행하는 기업(조직)
협동 조합	재화 또는 용역의 구미·생산·판매·제공 등을 협동으로 운영함으로써 조합원의 권익을 향상하고 지역사회에 공헌하고자 하는 사업 조직(협동조합기본법 제2조 제1호) 공동으로 소유되고 민주적으로 운영되는 사업체를 통하여 공통의 경제적, 사회적, 문화적 필요와 욕구를 충족시키고자 하는 사람들이 자발적으로 결성한 자율적인 조직(국제협동조합연맹(ICA))
마을 기업	마을공동체에 기반을 둔 기업 활동으로 주민의 자발적인 참여와 협동적 관계망에 기초해 주민의 욕구와 지역 문제를 해결하며 마을 공동체의 가치와 철학을 실현하는 마을단위기업
자활 기업	지역자활센터의 자활근로사업을 통해 습득된 기술을 바탕으로 1인, 혹은 2인 이상의 수급자, 또는 저소득층 주민들의 생산자협동조합이나 공동사업자 형태로 운영되는 기업

출처: 한국사회적기업진흥원(http://www.socialenterprise.or.kr), 서울특별시 사회적경제지원센터(http://sehub.net/seoulse)

는 공동작업 공간인 '창신아지트'를 출범시켰다. 마을 내 빈 점포를 리모델링해 공공 공간으로서 활용도를 높였고 디자이너와 봉제업자 간의 파트너십을 구축하였다. 자본과 경험이 전무했던 디자이너에게는 아이디어를 공유하고 저렴한 비용으로 샘플을 제작해 볼 수 있다는 것만으로도 흥미로운 경험이 되었다. 봉제업자에게는 새로운 디자인과 트렌드를 접하고, 다양한 판로를 경험해 볼 수 있는 기회가 되었다. 지역과 지속적인 교류를 통해 마을 네트워크의 가치를 공유하며 이를 구축해 나갔다. 2014년 창신동 내 봉제 산업과 문화적 특색을 활용한 관광 자원화 사업을 추진하였다. 특히, 창신동의 거리 문화를 바꾼 봉제거리박물관 사업은 그 역량을 발휘함에 있어 지역 주민과 다른 사회적 기업의 네트워크를 활용한 것이 돋보였다.

사회적 기업과
공공예술 프로젝트

공공장소의 중요성이 새롭게 부각되면서 이러한 공간을 보다 합리적으로 설계하고 디자인하는 공공 디자인이 출현하게 되었다. 누구나가 다 함께 사용하는 공간인 주거지, 공원, 도로 등이 이러한 공동 디자인을 실험하는 무대가 된다. 그 영역도 과거 시설물에 대한 디자인을 기획하던 것을 초월해 공공 계획이나 설계까지 포함하는 용어로 사용되고 있다. 최근에는 인간과 환경과의 조화를 추구하는 그린 공공 디자인이라는 새로운 디자인의 패러다임이 등장하였다. 이것은 인간이 살아가고 있는 정주 환경을 그대로 활용하면서, 그것에 아름다움을 더하는 방식이다. 이곳 창신동에서도 이러한 공공 디자인의 실천 사례들을 살펴볼 수 있다. 마을 작은 도서관 뭐든지, 라디오 방송국 덤 사연함, 평상 등의 디자인은 그 규모는 작지만 마을과 조화를 이루며 멋을 더한 대표적인 사례로 손꼽히고 있다.

가장 먼저 봉제 공장들 사이, 하얀색 페인트로 외관을 다시 칠하고 검은색 페인트로 '뭐든지'라는 상호를 단 시설이 눈에 띈다. 책이 있고, 차를 마실 수 있는 북카페와 비슷해 보이지만 지역 주민들에게 책을 대여해 주고, 마을 아이들에게 동화책도 읽어 주는 작은 도서관이다. 이름은 지역 주민들을 대상으로 공모하여 붙여졌다. 흥미롭게도 이 '작은 도서관'은 이 마을에 살고 있는 한 어린아이의 생각이었다. 참신한 아이디어와 소박한 디자인이 만나 조화를 이룬다. 이외에도 골목에서 진행된 크고 작은 작업들 중 마을 주민들과 지역 예술가들의 협업으로 이루어진 것들이 많다. 그래서일까? 외관도, 규모도 5평 남짓하여 소박하지만 마을 주민들의 애정이 깃들어 있어 그 가치는 대형 도서관 못지않다.

작은 도서관 아래로는 000간 1호점이 자리를 잡았다. 그 옆 파란색 대문에는 창신동 라디오 방송국 덤의 사연함이 거치되어 있다. 덤은 마을 라디오를 통해 창신동의 이야기를 전해 준다. 마을 라디오와 사연함은 공공 디자인의 범주를 넘어 예술가들이 마을에 정착해 가면서 지역민과 협업을 통해 함께 어우러져 가는 마을 만들기의 성공적인 정

▲ 창신동 골목의 작은 도서관 '뭐든지'
● 주민 대상 예술교육을 진행하는 '뭐든지 예술학교'
▼ 공공예술작품으로 새롭게 만들어진 평상

착 사례라 할 수 있다.

덤 사연함 옆에는 방부목으로 만든 평상이 설치되었다. 공공예술 프로젝트의 일환으로 주민들이 모여 함께 소통할 수 있는 공공 공간으로 조성하였다. 가파른 골목길을 오르다가 구멍가게 앞 평상에 앉아 잠시 휴식을 취하고, 도란도란 이야기를 나눌 수 있도록 마을 사랑방을 여는 첫 과정이었다. 하지만 아쉽게도 이렇게 만들어진 평상은 제 기능을 해 보지도 못한 채 철거되고 말았다.

과연 어떤 문제가 있었기에, 일 년도 채 되지 않아 철거되고 말았을까? 이유는 단순했다. '주민 소통'이라는 명목하에 인위적으로 조성한 평상이 오히려 마을 주민들에게 부담이 되어 먼저 다가가기를 꺼리게 된 것이다. 주민의 필요에 의한 것이 아니라, 꾸미기에 급급했던 것인지 모른다. 일부 공공예술 프로젝트에서 경험하고 있는 문제가 여실히 드러난다. 창신동뿐만 아니라 여타의 마을 재생 사업에서도 그랬다. 공공예술 프로젝트라는 그럴싸한 명목하에 만들어진 사업은 실상을 알고 보면 마을 재생보다는 예술가 지원 사업으로 끝나는 경우가 많았다. 누가 만들었는지, 또 어떻게 만들게 되었는지도 모르는 새로운 시설들도 지속 가능하지 않은 것이 많았다. 주민들과 아이디어를 함께 나누고, 주민들이 스스로 평상을 설치했으면 어땠을까? 주민들이 만든 텃밭이면 어땠을까? 마을 아이들과 어른들이 함께 만든 놀이터였으면 어땠을까?

이 경험을 토대로 우리 공공예술 프로젝트의 방향성을 재정립해 볼 필요가 있다. 무엇을 목적으로 할 것이며, 주체를 누구로 할 것인지, 프로젝트를 어떻게 진행해 나갈 것인지 등에 대한 명확한 논의가 필요하다. 이러한 논의에 앞서 공공예술 프로젝트의 핵심은 예술적 가치만이 아니라 공공성과 장소성의 가치가 대등하다는 사실이다. 따라서 사업이 추진될 때는 예술가 뿐만 아니라 행정가, 지역 전문가, 주민들이 함께 만들어 가는 협업적 무대가 마련되어야만 한다. 여기에 장소만이 갖고 있는 스토리를 입혀 나갈 때에야 비로소 주민과 방문객들이 함께 만족하는 유의미한 공간이 될 수 있다. 일단 보여 주기 식의 단기적 행사이기보다는 예술가들과 마을 주민들이 협업해 스스로 창조적인 역량을 발현할 수 있는 지속가능한 프로젝트가 되어야 한다.

우리나라 사회적 경제의
현주소

도시 재생의 결과가 계획한 대로 잘 실행되었는지를 확인하는 데에는 사회적 경제의 활성화 정도가 그 지표로 사용되고 있다. 이는 사회적 경제가 보편적으로 지역 사회를 기반으로 하고 있기 때문이다. 특히 도시 재생의 중요한 요소 중 하나인 지역의 일자리와 커뮤니티 공간의 창출에도 중요한 역할을 한다.

일반적으로 사회적 경제란 양극화 해소, 일자리 창출 등 공동이익과 사회적 가치의 실현을 위해 사회적 경제조직이 상호협력과 사회연대를 바탕으로 사업체를 통해 수행하는 모든 경제적 활동을 말한다. 사회적 경제는 시장 경제의 실패로 인한 양극화 및 경제 체제의 반성에서 출발하였다. 기업 활동을 중심으로 한 경제 활동에서 이윤을 추구하는 사적 영역과 함께 공공성을 추구하는 공적 영역이 조화를 이루는 경제 부문이다. 일반적으로 영리를 추구한다는 점에서 볼 때 공공부문(제1섹터)과 민간부문(제2섹터)

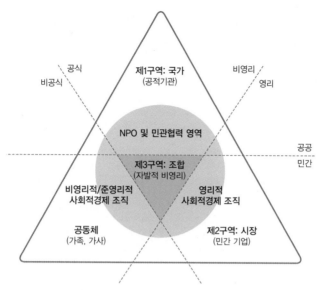

제1구역: 국가
(공적기관)

공식
비공식

비영리
영리

NPO 및 민관협력 영역

공공
민간

제3구역: 조합
(자발적 비영리)

비영리적/준영리적
사회적경제 조직

영리적
사회적경제 조직

공동체
(가족, 가사)

제2구역: 시장
(민간 기업)

사회적 경제의 제3섹터 개념(출처: 김애니, 2017 재인용)

이 공동으로 자금을 출현해 지역 개발 사업을 진행하는 유럽의 제3섹터의
형태에 가깝다. 사회적 경제는 사회적 기업, 마을 기업, 협동조합, 자활기
업, 사회복지법인 등의 활동 형태를 통칭하는 보편적 개념이다.

먼저 사회적 기업은 대체로 사회적 경제와 혼용되는 개념이다. 사회적
기업 육성법에서는 "사회 서비스 또는 일자리를 제공하여 지역 주민의 삶
의 질을 높이는 등의 목적을 추구하면서 재화 및 서비스의 생산·판매 등 영
업 활동을 수행하는 기업을 말한다."라고 이를 정의하고 있다. 즉, 우리가
알고 있는 대부분의 기업들은 이윤 추구를 목적으로 하는 영리 기업인 데
비하여 사회적 기업은 사회 서비스를 제공하여 취약 계층에게 일자리를 창
출하여 나누는 것을 목적으로 한다. 즉 목적에서도 큰 차이를 보인다. 주요
특징으로는 일자리와 사회 서비스 제공 등의 사회적 목적을 추구하는 것

지리교사의 서울 도시 산책

외에도 영업 활동을 통해 수익을 창출하고 이를 재투자하여 더 많은 일자리를 창출하는 것, 구성원들이 민주적인 의사결정 구조를 통해 소통을 활성화하는 것 등을 들 수 있다. 영국의 경우 5만 개가 넘는 사회적 기업이 다양한 분야에서 활동 중이다. 이 중 '그라민 – 다농 컴퍼니', '피프틴', '앙비' 등은 전 세계적인 기업으로까지 성장하였다. 우리나라에서도 '아름다운 가게'를 비롯해 '위캔', '노리단' 등이 활동하고 있다. 사회적 기업이 되기 위해서는 조직의 형태, 목적, 의사 결정 구조 등이 사회적 기업 육성법이 정한 인증 요건에 부합해야 한다.

사회적 기업으로 인증을 받으면, 인건비를 비롯해 보험료, 법인세 감면 등의 혜택을 받을 수 있다. 이 때문에 몇몇 기업은 설립 취지 및 목적과 다르게 운영되고 있다는 비판을 받고 있다. 사회적 기업으로서의 역할보다는 3000개에 이르는 사회적 기업을 육성해 10만 명을 고용할 목적으로 진행되었기 때문이다. 지역에 새로운 일자리를 창출하기 위한 방법으로 서구 유럽의 사회적 기업이 제안되어 정부 주도형으로 진행된 사업들이 많았다. 주체가 정부나 지자체이다 보니 사회적 기업의 역할도, 제도적 지원도 한정적일 수밖에 없었다. 우리가 모델로 삼고자 했던 유럽의 사회적 기업들은 태생부터 자립성이 강했다. 정부의 재정적인 뒷받침이 거의 없으며, 이런 독립성 위에 스스로 창조적인 프로젝트를 성공시켜 나갔다. 반면 우리나라에서는 무조건 수를 늘리고 보자는 식으로 진행된 것이다. 이미 정부나 지자체의 지원을 받았던 많은 사회적 기업들 중 이름만 남아 있거나 사라져 버린 것이 많다. 협동조합 역시 이와 같은 비판을 받고 있다. 이미 자본주의 4.0으로 불리는 대안적 기업모델로 소개된 협동조합은 5인 이상만 되면 신고 후 설립하여, 정부의 지원금을 받을 수 있다는 이점 때문에 이를 악용하는 사례가 급증하고 있는 것도 한몫했다. 그 수가 1만 개에 달했던 2016년 말 사업 운영률이 53%에 그쳐 그 절반 정도가 개점휴업 상태였다.

지금까지 우리 사회는 사회적 경제에 국민들의 막대한 세금이 특별한 제재 없이 투입되어 왔다. 이제는 태동기부터 떠안게 되었던 사회적 경제의 부실 운영에 대한 반성이 필요한 시점이 되었다. 사업 계획부터, 운영 및 결과까지 각각의 사업에 대한 재점검이 진행되어야만 한다.

이를 위해서는 사회적 경제, 그 일련의 과정에 대해 체계적인 검증 시스템이 도입되어야 한다. 일회성 사업으로 마무리되었던 사업에 대한 전수조사를 통해 그 제반 문제를 분석해야 한다. 수십 년을 사용할 수 있는 보도를 수시로 교체해 국민들의 질타를 받았던 경험에 비추어 더 이상의 쓸데없는 사업에 낭비되는 일이 없어야만 하겠다. 반면 사회적 경제의 취지와 가치를 충분히 실현할 수 있는 사업이라면 1~2년의 단기로 끝나는 것이 아닌, 적어도 5년 이상 장기로 지원해 지역사회에 정착 가능하도록 도와야만 한다. 더불어 스스로 수익모델을 찾고, 운영 자금을 해결하는 등 자율적이고 자생력 높은 사회적 경제의 정착을 돕기 위한 컨설팅 프로그램도 운영되어야 한다. 열정 넘치는 청년들의 창조적 실험은 일정 부문을 할애해 다양한 발현 기회를 제공해 주어야 한다. 각각의 활동들로 시작된 실험들이 서로 교류하며 새로운 아이템으로 발전시켜 나갈 수 있는 스타트업의 창구 역할을 해 줘야만 한다.

우리 경제의 새로운 대안으로 제시되었던 사회적 경제가 이제는 더 이상 시민들의 날선 비판을 받는 위치에 서지 않길 바란다. 분명히 많은 경제학자들이 말했던 것처럼 사회적 경제는 지역 사회의 고용을 이끌고, 양극화를 해소하며 도시 재생에 윤활유 역할을 하게 될 것이다. 이를 통해 도시 안에 행복하고 건강한 공동체가 조성되었으면 하는 작은 바람을 담아 본다.

도시 산책 플러스

플러스 명소

▲ 안양암
1889년 조선 후기에 세워진 안양암은 대한불교원효종 총본산임. 독특한 가람 배치에, 불화, 불상, 괘불, 번(깃발), 공예품 등 조선 후기 불교 유산이 많고, 전각들도 건축 유산임. 거대한 화강암 바위덩어리에 새겨진 '석감마애관음보살상'이 잘 알려짐.

▲ 벽화골목
창신초등학교로 가는 창신5길 거리에 조성된 벽화 골목. 해바라기, 푸른 하늘, 초승달과 수많은 별, 피아노, 꿀벌 등이 빨강, 파랑, 노랑, 초록 등의 다양한 색상으로 그려짐.

▲ 창신 라디오 방송국 덤
문화예술 사회적 기업 '아트브릿지' 옆에 자리 잡은 창신동 라디오 방송국 '덤'은 창신·숭인 지역 주민들이 직접 제작하고 출연하는 마을미디어로 창신동의 새로운 주민참여 문화를 만들어 가고 있음.

산책 코스

◉ 동묘벼룩시장 ⋯ 박수근 집터 ⋯ 백남준기념관 ⋯ 창신동 봉제 골목 ⋯ 낙산공원 ⋯ 절개지 ⋯ 회오리 길 ⋯ 창신소통공작소 ⋯ 산마루놀이터 ⋯ 창신시장 ⋯ 네팔음식거리 ⋯ 인장골목 ⋯ 창신 문구·완구시장 ⋯ 청계천

맛집

1) 지봉로 주변
• 낭로, 손가네민물장어, 에베레스트레스토랑, 창신부침개, 낙산냉면
2) 창신시장 주변
• 창신동매운족발, 옥천매운왕족발, 한마니족발, 새벽닭, 창신시장 떡볶이 골목
3) 동대문 곱창 골목
• 일등곱창, 성터막창, 똥이네감자탕, 동해해물탕

참고문헌

김민지, 2016, 지역 산업시설을 고려한 문화적 도시재생: 창신동 마을 박물관을 중심으로, 건국대학교 건축전문대학원 석사학위논문.

김신정, 2004, 서울시 신발산업의 집적특성에 관한 연구: 종로구 창신동 일대를 중심으로, 서울시립대학교 석사학위논문.

김애니, 2017, 창신동을 기반으로 한 도시재생과정과 사회적경제 조직의 상호작용 연구, 서울대학교 석사학위논문.

김지윤, 2015, '봉제마을' 창신동: 도시재생과 산업재생의 엇박자, 도시연구, 14, 125-157.

노수미, 2007, 창신동 동대문 의류산업 배후생산지의 장소적 특성 연구, 서울시립대학교 석사학위논문.

박용수, 2012, 산업유산 특화 및 강화를 통한 도시 재생 계획: 동대문 의류산업 밀집지역의 창신동을 바탕으로, 건국대학교 건축전문대학원 석사학위논문.

송창수, 2011, 창신동 봉제골목의 장소성 재해석: 동대문 의류산업 배후생산지로서 봉제골목 활성화 계획, 건국대학교 건축전문대학원 석사학위논문.

신수경, 2015, 이륜차 통행을 통해서 본 창신동의 공간적 특성 연구, 서울대학교 환경대학원 석사학위논문.

이동우·윤은경, 2016, 미래유산으로써 창신동 봉제골목의 지역자원 활용에 관한 연구, 한국문화공간건축학회 논문집, 54, 149-158.

이윤덕, 2012, 서울 창신동 봉제산업지역의 작업환경 개선에 관한 연구, 서울대학교 석사학위논문.

이은희, 2011, 도심 산업생산기반 확충을 위한 창신동 봉제공장형 경사지 주거계획, 한양대학교 석사학위논문.

이진형, 2017, 창신동 산업시설을 활용한 체험 공간 계획안: 봉제 산업시설을 중심으로, 건국대학교 건축전문대학원 석사학위논문.

장미진, 2016, 사회관계망 분석을 이용한 창신패션클러스터의 협력네트워크 유형, 서울시립대학교 박사학위논문.

장미진·양승우, 2015, 서울시 창신동 봉제공장 산업생태계의 공간적 특성: 종로구 창신 1,2,3동을 중심으로, 한국도시설계학회지, 16(2), 5-16

한나, 2017, 창신동 마을돌봄의 역사적 재구성: 봉제공장, 지역운동, 마을공동체사업, 도시재생, 연세대학교 석사학위논문.

철공과 예술의 만남, 문래동

고층 건물 즐비한 동네 한가운데 소규모의 철공소들이 밀집한 작은 동네가 있다. 쇠를 깎는 엄청난 소음에 귀가 먹먹해지는 지극히 낯선 동네는 수십여 년간 영등포 철공산업의 중심 무대였던 바로 문래동 철공 골목이다. 1960년대 철재 상가와 철공소가 자리 잡기 시작하면서 철공 골목이 형성되었다. 이후 성장을 거듭해 1970년대 국내 최대의 철공 집적지로 자리 잡았다.

하지만 1990년대를 기점으로 어느 순간 쇳가루만 날리는 동네가 되어 버렸다. 더구나 주변에 대규모 아파트 단지와 고층 건물들이 들어서기 시작하면서 그 중심의 철공 골목은 이질적인 공간이 되었다. 아파트에 입주한 주민들은 동네 한가운데 떡하니 자리 잡고 있는 철공 골목을 그다지 마음에 들어 하지 않았다. 이로 인해 갈등이 유발되면서 동네가 제법 시끄러워지기도 하였다. 그러는 사이 오히려 철공 골목은 잃어 가던 활력을 되찾기 시작했다.

홍대와 이태원 등에서 넘어온 젊은 예술가들이 골목의 빈 공간들을 채워나가면서 생명력이 넘치는 공간으로 변화되고 있다. 일찍이 젠트리피케이션을 경험했던 젊은 예술가들에게 철공 골목은 새로운 창작의 기반이 되었다. 이질적이었던 철공인들과 예술가들은 서로 마음을 열어 함께 마을에 생기를 불어넣어 낙후되었던 철공 골목을 철공과 예술이 만나는 '문래동 예술창작촌'으로 변화시켰다. 문래동은 이제 산업 골목 재생의 새로운 모델이 되었다. 그 재생의 현장을 찾아 문래동 철공 골목으로 함께 도시 산책을 떠나 보자.

문래동
철공 골목을 찾아서

문래역 7번 출구 앞, 남북으로 곧게 뻗은 당산로가 문래동 한가운데를 가로지른다. 문래공원 사거리 방향으로 이어진 보도 위를 느린 걸음으로 걷는다. 오른편으로는 당산로 건너에 문래근린공원이, 왼편으로는 대단위 아파트 단지가 들어서 있다. 150여 미터를 내려가다 보면 '문래창작촌'임을 알려주는 작은 안내소가 자리하고 있다. 무언가 특별한 것을 기대하지는

문래동 창작촌 안내소

지리교사의 서울 도시 산책

않았지만 포스터 몇 장과 조그마한 안내지도 하나만 붙어 있는 게 조금은 아쉽다. 철공 재료를 활용해 만든 안내판이 있기는 하지만 지도로서의 활용 가치는 없어 보인다.

먼저 안내소 옆에 세워진 기린 조형물이 방문객들의 시선을 사로잡는다. 철공소에서 사용하는 공구만을 용접해 만들었을 뿐인데도 이를 배경으로 삼삼오오 짝을 지어 기념사진을 찍는다. 그 옆으로는 사람들보다도 큰 거대한 용접 마스크와 망치 조형물도 세워져 있다. 망치 사이에 끼어 있는 못 조차도 거대하다. 가까이 다가갈수록 마치 『걸리버 여행기』속 거인국으로 들어가는 듯한 착각에 빠지고 만다. 그 앞에 서는 순간 문래동 철공인들의 강인함이 여실히 느껴진다. 얼마나 많은 시간을 철을 두드려야 했을까? 또 얼마나 많은 철을 잘라내야 했을까? 수십만 번, 아니면 수백만 번…, 그들의 삶을 우리가 어찌 가늠할 수 있을까? 그러나 분명 철공인의 삶은 커다란 용접 마스크와 망치보다도 크고 강인했을 것이다. 이렇게 문래동 철공 골목의 문은 열린다.

철제 공구로 만든 조형물

거대한 용접마스크 조형물

거대한 망치 조형물과 쓰레기

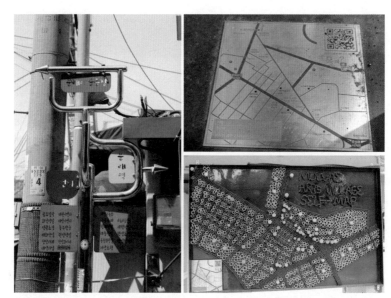

철제로 만든 안내 표지판

▲ 바닥에 새겨진 철공골목 지도
▼ 너트를 이용해 만든 지도

지리교사의 서울 도시 산책

영등포와 문래의
시간을 거슬러 오르다

문래동이 속한 영등포구는 조선 시대 수도 한양 도성 밖 경기도 금천현 (衿川縣)에 포함되었던 지역이었다. 한강과 안양천, 도림천 등을 끼고 있어 늪이 발달하고 갈대숲이 무성했었다. 일제 강점기에 행정 구역이 개편되면서 1914년 시흥군 북면 도림리가 되었다. 1936년에 한강 이남 지역이 경성부로 편입되었고, 1943년 경성부 7개 구제 실시로 영등포구가 탄생하였다. 1949년 경기도 시흥군 일부 지역이 편입되었고, 1963년 다시 시흥군의 일부와 김포군의 일부 지역이 편입되면서 하나의 거대한 구가 탄생되었다. 지금의 서초동과 사당동 일대, 목동, 개봉동, 시흥동 일대까지였다. 이후 서울의 급속한 인구 증가로 1973년 영등포구의 동부 지역이 관악구로, 1977년 안양천 너머 북서부 지역이 강서구로, 1980년 남부 지역이 구로구로 분구되면서 지금의 형태를 갖추게 되었다. 현재는 영등포동, 여의도동, 양평동, 당산동, 대림동, 도림동, 신길동 등의 동으로 구성되어 있다.

영등포구의 행정 구역

영등포는 지대가 낮아 침수 위험이 컸던 탓에 오랫동안 농경지로만 이용되어 왔다. 영등포가 도시로 발달하기 시작한 것은 1899년 경인선이 개통되고 영등포역이 개청되면서부터다. 이후 1904년 경부선이 개통되었고, 1910년 시흥군청이 이전하면서 영등포는 강남의 중심지로 성장하기 시작하였다. 대규모 공장으로 조선피혁(1911년)을 시초로, 철도 차량을 제작하는 용산공작소(1919년), 민족 자본의 설립된 방직공장인 경성방직(1919년)이 들어섰다. 1920년대 초 하천변에 제방이 조성되고, 토지가 구획되면서 공업 지대가 형성되었다. 영등포역 일대를 중심으로 방직, 식료품, 맥주 공장 등이 자리 잡았다. 지금의 하이트진로맥주와 오비맥주의 전신인 대일본맥주와 소화기린맥주의 대규모 공장 등이 들어섰다. 1936년 대선제분 공장이 들어섰고, 중일전쟁 이후 병참기지화 정책으로 기계, 제련 등의 중화학

1899년 보통역으로 영업 시작 후, 현재 민자 역사로 운영 중인 영등포역

공장들도 자리를 잡았다. 여기서 만들어진 군수품은 철도를 이용해 만주로 운송되었다.

해방 후에도 영등포 일대는 섬유와 식품 산업의 중심지로 성장하였고, 1970년대까지만 하더라도 강남의 기준이 되었다. 강남 개발 당시에 이름 붙여진 영동(永東)도 영등포의 동쪽이라는 의미에서 붙여진 것이다. 지금도 하루 30만 명에 달하는 유동인구를 자랑하는 부심지로, 거대한 상권이다. 한편으로 중심상업지역을 제외하고는 개발이 더뎠던 탓에 낙후되었다. 하지만 지금은 오히려 낙후된 도시 환경이 새로운 도시 산업 생태계를 구축할 수 있는 활력이 되고 있다. 도시 일부 지역은 재개발로, 일부 지역은 재생으로 도시재활성화가 진행되고 있다.

영등포구 중서부에 위치한 문래동은 면적 1.49제곱킬로미터, 인구 약 32,000명(2018년 기준)이다. 동쪽으로는 영신로를 경계로 영등포동, 서쪽으로는 안양천을 경계로 양천구 신정동, 남쪽으로는 도림천을 경계로 구로구 신도림동, 북쪽으로는 문래북로를 경계로 당산1동과 접한다.

조선 시대 문래동은 경기도 금천현 도야미리로 불렸고, 일제 강점기인 1936년 경성부에 편입된 후 도림정이 되었다. 1930년대 경인로 사이에 끼인 이곳에 방직 공장들이 자리 잡으면서 '실의 동네(주거)'를 뜻하는 사옥정(絲屋町)으로 불렀다. 해방 후 1946년 동제가 시행되면서 영등포구 사옥동이 되었고, 1952년부터 지금의 문래동으로 불리고 있다. 일본식 동네 이름을 우리식으로 고치면서, 이곳이 문익점의 목화 전래지였다는 데에서 착안하여 실을 자아내는 '물레'와 발음이 비슷한 '문래(文來)'로 바뀌게 되었다.

10명만 모이면
미사일도 만드는 골목

문래동 철공 골목 초입 도림로128길

망치 조형물을 사이에 두고 당산로2길, 도림로128길로 나뉜다. 당산로2길은 문래자이아파트 후문으로, 도림로128길은 문래동 철공 골목 안쪽으로 각각 이어진다. 일차선의 도림로128길을 따라 그 오른편으로 수십여 개의 철공소가 나란히 줄지어 자리 잡고 있다. 철근을 실은 파란 트럭과 철공소의 파란 간판, 블루칼라인 철공인이 만나는 파란 세상이 열린다.

철공소 입구에서부터 "치잉치잉", "철컹철컹" 하는 소리가 들린다. 철공소에서 금속을 가공하는 전기톱과 절단기가 돌아가며 내는 기계음이다. 골목 안으로 들어갈수록 점점 요란해지는 소리가 귀에 거슬린다. 윤활유까지 바르다 보니 비릿한 냄새가 코끝에 계속 맴돌아 순간적으로 짜증이 날 정도다. 대화레이져샤링, 거산조형, 정흠제작 등 서로 상호만 다를 뿐 모두 철을 자르고 구부리며 용접 및 가공하여 철공 제품을 제작하는 철공소다. '샤링'이라는 간판을 단 철공소가 많아 철공인들 사이에서는 '샤링 골목'으로 불려 왔었다. 정체 모를 이 용어는 금속을 원하는 모양대로 자르는 작업을 일컫는 '시어링(shearing)'에서 온 것이다.

문래동을 비롯해 영등포역 일대는 과거 방직 공업과 인연이 많았던 곳이다. 일제 강점기, 또는 해방 후 산업화의 상징이었던 방림방적과 경성방직

쇠파이프를 절단하는 용접공

금형을 떠서 만든 금속 제품

지리교사의 서울 도시 산책

타임스퀘어에 자리 잡은 경성방직 사무동

은 모두 새로운 옷으로 갈아 입었다. 방림방적은 대형 마트와 아파트 단지로, 경성방직은 거대 복합 쇼핑몰인 타임스퀘어로 바뀌었다. 1936년 건립된 경성방직 사무동만이 타임스퀘어 안쪽 정원에 남아 옛 역사를 이야기해 줄 뿐이다.

1960년대부터 문래동을 중심으로 철재상들이 유입되면서 소규모 공장들이 공정에 맞게 자리를 잡았다. 특히 문래동 사거리를 중심으로 중소규모의 철공소들이 들어서면서 철공 단지가 형성되었다. 1970~1980년대 호황기였던 당시 청계천에 있던 철공소까지 이곳 문래동으로 이전해 1300곳에 달하는 철공소가 자리를 잡았다. 마치 철공 클러스터처럼 당시 철공소들은 서로 긴밀한 협력 관계로 네트워크를 형성하였다. "문래동에서 10명만 모으면 미사일도 만든다", "사람 빼고 다 만든다"라는 농담까지 나올 정도였다. 그만큼 이 골목은 강한 자부심을 가진 철공 장인들로 가득했었다.

현재 문래동 철공 골목은 문래동 사거리를 중심으로 문래동1가부터 시작해 문래동4가까지 여러 구역에 자리를 잡고 있다. 문래동1가 영등포초등학교 동편으로는 정밀 가공, 서편으로는 정밀, 연마, 목형 가공 중심의 철공소가 자리를 잡고 있다. 문래동2가는 철재상가, 연마, 주물 가공을, 문래동3가는 철재상가, 절단, 밴딩 가공을, 문래동4가는 철재상가, 연마, 주물 가공을 하는 철공소가 자리를 잡고 있다.

문래동 철공 골목과 예술 창작촌(출처: 김인선 외, 2010 수정)

　하지만 1997년 IMF 위기와 수도권 주변 공단 조성으로 문래동의 철공소들은 떠나기 시작하였다. 도시 개발에 따라 주거 지역으로 변모하고 수도권 공장 이전 정책으로 인해 이제는 그 수가 많이 줄었다. 다른 직업군에 비해 많은 임금을 받았던 철공인들은 철공소가 쇠락해 가면서 상대적으로 임금도 감소하게 되었다. 더불어 중국과 동남아시아에서 들어오는 저렴한 제품들로 인해 미래는 더더욱 불투명해졌다. 철공 골목이 쇠퇴하면서 철공소가 자리 잡고 있는 공간들이 하나둘 서서히 비어 갔다. 철공 골목에 생겨난 유휴 공간은 늘어만 가는 듯했다. 그러나 이들이 떠난 자리에 서울 도심에서 쫓겨난 젊은 예술가들이 하나둘 들어와 다시 채우기 시작했다. 쇠락의 길에서 이제 문래동은 철공 골목과 함께 '문래창작촌'으로 나아가고 있다.

철공인들이 그려낸
철공 골목 풍경화

문래동3가 도림로128길을 따라서 오십여 개의 철공소가 300미터가량 이어지는 도시 경관이 펼쳐진다. 도림로128길과 도림로 사이, 골목 안으로도 수십여 개의 소규모 철공소가 자리 잡고 있다. 그 안쪽 도림로126길을 따라서도 20여 개의 철공소가 자리 잡고 있다. □□철강, ○○철관, △△스텐네스라는 상호를 단 철공소들이 보인다. 주로 소규모 철공소가 자리 잡은 도림로128길과는 달리 도림로126길에 자리한 철공소들은 대부분 그 규모가 제법 크다. 철공소 규모만큼이나 도로도 트럭 두 대 정도는 거뜬히 지나갈 수 있을 정도로 넓다.

골목 안쪽으로 들어갈수록 마치 빛바랜 누더기를 입은 듯, 지난 세월의 흔적이 곳곳에 배어 있다. 페인트칠은 다 벗겨져 콘크리트 벽이 드러나고, 쇳가루는 계속 날려 골목 구석구석을 붉게 물들였다. 얼기설기 엉킨 전깃줄에 간판도 표지판도 가려져 잘 보이지 않는다.

철공 골목과 아파트형 공장   '옥' 자가 떨어져 나간 국일옥 간판

　도림로128길과 도림로126길 사이에 자리 잡은 신흥 상회, 그 맞은편 건물 앞으로는 쓰레기도 수북이 쌓여 있다. 색이 바래고 글자까지 떨어져 나간 국일옥의 옛 간판만이 한창 잘나갔던 시절의 거리 풍경을 전해 주고 있을 뿐이다.

　사실 세월이 흘러 주름살만 늘어났을 뿐 철공인들은 여전히 활기가 넘친다. 철공소 안은 항상 힘이 넘치고 분주하게 움직인다. 한쪽 구석에 쌓아 놓은 철근을 거뜬히 들어 올린다. 간혹 이렇게 쌓아 올린 철근들은 철공소를 찾는 방문객들에게 이색적인 볼거리가 된다. 서로 다른 형태와 색상의 철근들이 차곡차곡 쌓인 형태가 마치 몬드리안의 작품을 닮았다. 회색의 철근들이 많지만 노란색, 파란색, 녹색 등의 원색으로 칠해진 것들부터, 단면이 큰 것부터 작은 것까지, 둥근 것부터 네모난 것까지 모두 어우러져 비례를 이루기도 하고, 대비가 되기도 한다.

　여기에 새로운 자재가 들어오기도 하고, 작업용으로 빠져나가기도 한다.

철공소 철근들이 마치 예술 작품처럼 보인다.

그 형태가 수시로 바뀌면서 매번 새로운 작품이 만들어진다. 철공 골목이라는 장소성이 고스란히 담긴 조형 작품으로 손색이 없을 정도다. 인위적으로 만든 새로운 조형물이 실치된 골목보다도 지금 이대로의 모습이 더욱 빛난다. 이렇게 장소성이 돋보이는 경관들을 찾아 하나씩 작품명을 붙여 나가는 방식의 골목 재생은 어떨까?

세월의 기름때 낀 철공소, 기울어진 채 걸려 있는 간판, 그리고 얼기설기 엉킨 전깃줄의 무게를 견뎌내고 있는 전봇대, 어둑어둑 빛바랜 가로등 속의 풍경에도 골목은 활력이 넘친다. 축 늘어진 천막 사이로 철공 제품을 운반하는 소형 트럭들이 일렬로 줄을 맞춰 세워져 있다. 여전히 낡은 수레가 사용되는 철공소 사이에 고급 외제차도 종종 눈에 띈다. 이 승용차는 대부분 철공 사업주들의 것이다. 철공 골목과는 전혀 어울리지 않는 것만 같은 풍경들 또한 이곳이 그려내는 풍경이다. 허름해 보이는 외관과는 달리 수

낡은 수레와 고급 승용차가 대비를 이루는 도림로126번길

천만 원에서 수억 원에 이르는 고가의 철근으로 가득한 곳이 이곳 철공소다. 높은 기술력을 요하는 금형이나 용접 일을 하는 철공인의 소득도 높은 편이다.

물론, 대다수의 철공인들의 삶이 크게 나아지지는 않았다. 한여름 땡볕에 온몸이 땀으로 흠뻑 젖어도, 철근을 자르며 쇳가루가 날려도 굳건히 그 무게를 견뎌내야만 하는 고단한 작업이다. 그럼에도 불구하고 철공인들은 강인한 의지로 이를 이겨내고야 만다. 수십 년의 세월을 그렇게 철을 나르고 다듬었던 이들이다. 그들은 철공 장인이다. 그래서일까? 약간은 너저분하고 시끄러울지 몰라도 철공 골목은 지금 이대로가 좋다. 이것이 철공 골목이 지금도 살아있다는 증거이기 때문이다. 그리고 그들은 여전히 이 철

경성방직과 타임스퀘어

1919년 세워진 경성방직은 경방의 전신이다. 경성방직은 동아일보 창업주인 김성수가 주식 2만 주를 발행하고 1인 1주 공모 방식으로 자본금을 마련해 세운 주식회사이다. 직물을 생산하는 업체로 한국의 근대 제조업에서 독자적인 위치를 차지하였다. 1970년에 사명을 경방으로 바꾸었다.

우리나라 최대의 복합유통단지 타임스퀘어가 바로 옛 경성방직의 공장 터에 자리 잡고 있다. 타임스퀘어는 영등포역 인근 연면적 37만 제곱미터에 6000억 원(땅값 포함 1조3000억 원)이 투입돼 조성되었다. 연면적은 코엑스몰(11만9000㎡)의 세 배가 넘고 신세계 부산센텀시티(29만3900제곱미터)보다도 8만 제곱미터 정도 더 넓다.

일본 미드타운, 홍콩 퍼시픽플레이스 등 세계적인 쇼핑몰을 벤치마킹해 설계되었다. 타임스퀘어는 크게 신세계이마트, CGV, 교보문고 등이 들어선 쇼핑타운과 신세계백화점이 양 옆에 위치해 있고, 패션몰이 이를 연결하는 구조다. 정문으로 들어서면 '아트리움'이라는 중앙홀이 시원하게 펼쳐진다. 대규모 전시관 입구에 온 듯하다. 천장은 대형 통유리로 만들어 멋이 느껴진다. 실내 매장 전반에 여유 공간이 많다는 점이 특색이다. 복도 폭은 일본, 홍콩 등 선진국 복합 쇼핑몰보다 2~3미터나 넓은 16미터다. 수십 명이 한꺼번에 지나가도 부대끼지 않을 것 같다. 동선 전체는 완만한 곡선으로 처리해 소비자의 움직임을 최소화했고, 각 매장이 한눈에 들어온다.

현재 타임스퀘어 뒤쪽에 경성방직 사무동이 등록문화재로 보존되어 있다. 일제 강점기에 한국인 자본에 의해 설립된 산업 관련 건축물로 근대 공업사적 자료로서 가치가 있는 건물이다. 또한 1936년 건립 이래 건물의 원형을 대부분 간직하고 있다는 점에서 건축사적으로도 가치가 높다.

옛 경성방직 사무동   국내 최대의 복합유통단지 타임스퀘어

공 골목의 주인이다.

문래동4가,
1941년 조선영단주택을 만나다

문래동 조선영단주택

문래동 근로자회관 사거리, 문래동 이편한세상아파트 옆으로 대륭오피
스텔이 자리 잡고 있다. 이 건물의 10층 정도에 올라서서 동측 창문을 바라
다보면 고층 건물로 둘러싸인 한가운데 저층 건물 수백 채가 모여 있는 독
특한 도시 경관이 펼쳐진다. 색이 바랜 회색 지붕과 파란 지붕이 서로 맞물
려 있는 모습은 서울에서 좀처럼 보기 힘든 풍경이다. 이곳은 바로 1940년
대 초반 조성된 집합주거단지인 조선영단주택이다. 단층 건물 500채 정도
가 블록을 쌓은 듯 반듯하게 자리 잡고 있다. 그 한가운데로는 문래동 성결
교회가 우뚝 솟아 있다. 서울에는 문래동, 상도동, 대방동 등에 영단주택이
건립되었지만 지금은 이곳 문래동만이 남아 있다. 70년이라는 긴 시간 동

조선 영단주택지 건축 신축년도(출처: 프레시안, 2014.01.16.)

안 옛 모습 거의 그대로를 간직하고 있는, 서울의 마지막 영단주택이다.

조선영단주택의 역사는 일제 강점기로 거슬러 올라간다. 1930년대 병참기지화 정책으로 도시화가 급속도로 진행되면서 노동자 주택문제가 심각하게 대두되었다. 이를 해결하기 위해 1941년 조선총독부는 조선주택영단(朝鮮住宅營團)이라는 특수 법인을 설립하였다. 정부출자금을 기반으로 하고, 조선총독부 전매국의 일부를 사옥으로 하였다. 외연적으로는 기술자, 노동자 등의 서민들에게 주택을 제공하는 것을 목적으로 하였지만 궁극적으로는 한반도를 병참기지화 하는 것이 주목적이었다.

광산 채굴 및 군수 공업이 발달한 함흥, 흥남, 청진, 원산을 비롯해 경인축이 중심이었다. 설립 4년 안에 전국 19개 도시에 2만 호를 공급하려 계획했지만 1945년 해방 전까지 약 1만 2천 호를 건설하였다. 서울에서는 1067호가 건설된 상도동이 가장 많았고, 영등포지구에 문래동 651호, 대방동 464호가 건설되었다.

문래동 영단주택의 유형(출처: 대한주택공사)

지리교사의 서울 도시 산책

문래동의 경우 그 크기에 따라 갑부터 무까지 다섯 가지 유형의 주택이 공급되었다. 66제곱미터(약 20평) 규모의 갑형과 59.5제곱미터 규모의 을형은 대부분 일본인 관리에게 공급되었고, 33제곱미터의 병형, 26제곱미터의 정형, 19제곱미터의 무형은 조선인 노동자에게 임대로 공급되었다. 일본식 가옥의 외관에 목조 구조였지만 전시 체제하에서 공습에 대비해 시멘트 모르타르로 마감하였고, 지붕은 시멘트 기와를 만들어 올렸다. 다다미를 설치하는 것을 원칙으로 하면서도 겨울철 난방 문제로 인해 방 한 칸은 개량형 온돌이 필수로 설치되었다. 현관을 통해 복도로 진입해 방으로 이동하는 구조이며, 벽장을 두는 등 일본식 구조가 대부분이었다. 1호에 1세대가 거주했던 주택은 셋방을 두어 세를 주기도 하였다. 갑형, 을형의 경우에는 내부에 화장실과 욕실 등도 갖추었다. 하지만 하수도 시설이 제대로 갖춰지지 않아 악취 문제가 발생해 다시 화장실을 밖으로 빼기도 하였다.

해방 후에는 적산가옥으로 서민들에게 불하되었고, 1960년대 방직공장으로 바뀌거나, 방직공장의 기숙사로 사용되었다. 1970년대 이후 인근 지역에 공업단지가 조성되면서 점차 주거 지역에서 조금씩 관련 공장과 창고로 변화되기 시작하였다. 특히 문래동 일대가 서울을 대표하는 철공 골목으로 성장해 가면서 영단주택단지 일대가 철공 골목으로 변화되었다. 철공 산업 침체로 많이 줄기는 했지만 소규모 철공 공장들이 여전히 골목을 지켜 나가고 있다. 마을 슈퍼와 기사식당, 이용원, 다방 등 노포들도 골목 곳곳에 자리를 잡고 수십 년의 세월을 함께해 오고 있다. 일제 강점기 영단주택에서부터 시작해 1960~1970년대 산업화의 골목으로, 그리고 1980년대 이후 자리 잡은 철공소 골목에 이르기까지의 현대사가 문래동 영단주택 골목 안에서 고스란히 펼쳐진다.

그런데 최근 영등포역 역세권과 경인로 일대를 경제 기반형 재생의 중심 지역으로 개발해 나가고 있는 가운데, 문래동 영단주택단지를 재생의 발판으로 만들고자 하는 논의가 진행되고 있다. 낙후되어 있는 영단주택단지를 활용하는 방안이 모색되고 있는 것이다. 젊은 사업가를 위한 창업의 무대로, 사회적 기업이 활동하는 사회적 경제 무대로 거리를 재개발하고자 하는 움직임이다. 하지만 그런 변화가 달갑지만은 않다. 이름만 재생일 뿐 알고 보면 재개발로 그럴싸한 설계와 디자인으로 포장되어 영단주택지와 철공소의 모습이 모두 지워져 버리기 때문이다. 마치 승패 게임처럼, '세련됨'은 승자가 되고, '낙후됨'은 패자가 되는, 그리고 '젊음'은 승자가 되고, '연륜'은 패자가 되고 마는 무채색의 그림을 그린다.

도시는 다채로운 빛을 내는 다양성의 공간이다. 블루칼라도 분명히 도시의 한 가지 빛이다. 가난함도, 노인도, 성소수자도 각각의 빛이 있다. 이 빛이 함께 채워질 때 도시는 도시다워질 수 있다. 지우려 하지 말고 함께 그려가는 것이 재생이다. 가령 영단주택단지에 새로운 옷을 입히고자 한다면 이곳의 철공산업이라는 기반 산업을 도우며, 서로 협력하여 근현대 문화유산으로 나아갈 수 있는 방향을 우선적으로 고려해야 한다. 더불어 정부와 지자체에서도 보여 주기식의 가시적인 성과에 급급해 단기적인 사업으로 끝내기보다는 체계적이면서 중장기적인 프로젝트를 통해 보다 자연스럽고, 자발적인 재생이 이루어지도록 정책을 수립해 나가야만 한다.

벽화와 조형으로 재탄생한
문래 철공 골목

원색의 옷을 입은 문래동 벽화 골목

벽화 골목의 '먼지 새김'

젊음의 열정이 넘치는 홍대거리는 예술가들이 꿈꾸는 가장 이상적인 활동 공간이다. 여전히 홍대거리의 갤러리와 작업실에서 창조적 실험들이 펼쳐지고는 있지만 얼마 전부터 예술가들은 이 거리를 빠져나가고 있다. 그 이유는 젠트리피케이션(gentrification) 때문이다. 임대료의 급격한 상승으로 예술가들은 상대적으로 임대료가 저렴한 서울 외곽으로 그 무대를 옮겨야만 했고, 이들이 선택했던 곳 중 하나가 바로 이곳 문래동이었다. 순수하게 자생적으로 몇몇 예술가들이 자리를 잡아 가면서 입소문을 타고 젊은 예술가들이 하나둘씩 유입되었다. 이미 100개가 넘는 작업실이 문을 열었고, 300명에 달하는 예술가들이 이곳 문래동을 무대로 활동하고 있다.

그런데 왜 하필이면 문래동 철공 골목일까? 사실 그 이유는 간단했다. 철공산업이 쇠퇴하면서 공장들이 떠나 빈 공간이 많았고 타 지역에 비해 임대료가 저렴했기 때문이다. 하루 종일 시끄러운 작업이 반복되다 보니 소음이 심한 빈 공장 안으로 들어오려는 시설들이 전무했다. 약 49.5제곱미터(약 15평) 규모의 작업실 임대료가 수백만 원에 달했던 홍대거리와 달리 이곳은 월 10만~20만 원이면 충분했다. 약 3.3제곱미터(약 1평)당 월세 1만

도림로 주변의 건물 1층은 철공소, 2층은 예술인들의 갤러리나 작업실이 주로 입지한다.

원 꼴로 저렴한 문래동 철공 골목은 젊은 예술인들에게 해방구와도 같은 존재였다. 또한 철공 골목만이 지닌 독특한 경관은 예술인에게 새로운 영감을 불어넣어 주었다. 조형 작품을 만들 때 생기는 소음도 걱정할 필요가 없었다. 이와 같은 조건들은 예술가들을 유인하기에 충분했다. 주로 도림로와 도림로128길 사이 골목은 1층 공간에, 도림로126길 주변 2~3층의 빈 공간 등이 이들의 무대가 되었다.

먼저 도림로와 도림로128길 사이 골목 안으로 발걸음을 옮긴다. 폭 1~3미터 남짓한 비좁은 골목으로 두세 명이 함께 걷다 보면 어깨를 부딪치기 일쑤다. 한낮임에도 불구하고 좁은 골목길은 어둡고 삭막하다. 이 낯선 골목에 그나마 위안을 주는 건 빨강, 파랑, 초록, 노랑 등의 원색으로 수놓은 벽화 작품이다. 일찍부터 철공 골목을 작품의 무대로 삼은 예술가들이 그려 넣은 것이다. 그렇다고 벽화마을로 소문난 동네들처럼 아기자기한 매력이 있는 것은 아니다. 벽화를 그릴 수 있는 담벼락보다 철공 제품을 실어 나르는 열린 공간이다 보니 벽화가 그려질 만한 공간이 거의 없기 때문이다. 일부 담벼락이나 셔터에 그려진 벽화도 대부분 오랫동안 때가 탄 것이다 보니 벽화 골목 풍경이 못내 아쉽다.

많은 예산이 투입되어 인위적으로 만들어진 대부분 벽화 마을 명소들과는 달리, 문래동 철공 골목은 이곳에 정착한 예술가들이 자발적으로 참여하여 만든 작품이다. 그래서 벽화 하나하나에 젊은 예술가들의 따뜻한 손길이 묻어난다. 예술가들의 창의적 아이디어와 메시지가 작품마다 다양한 방식으로 표현되어 있다. 벽화 골목은 소박할지언정 작품에서는 오히려 더 빛이 난다. 이곳이 벽화마을이 아니라 예술창작촌인 이유다.

도림로를 따라 도림로126길로 들어서는 철공 골목, 빨간 고깔모자를 쓴

인형이 보이기 시작한다. 조금 떨어져 보니 영락없는 피노키오다. 철공 재료들로 만들어진 피노키오의 모습을 자세히 보고 싶은 마음에 발걸음은 저절로 빨라진다. 코가 길어지지 않은 피노키오를 보니, '거짓 없는 동네가 아닐까?' 하며 순간 피식 웃음이 난다.

사실 이 조형물의 명칭은 피노키오가 아니라 '문래로봇'이다. 1970 ~1980년대 만화 영화 속에 등장했던 양철 로봇을 닮았다. 두 손을 모아 꽃 한 송이를 쥐고, 이를 누군가에서 건네주려는 모습은 인간의 감성을 담고 있는 듯하다. 그래서일까? 문래로봇은 이곳을 찾은 남녀노소에게 인기다.

철공 자재를 활용해 만든 로봇 조형물, 문래로봇

문래로봇 옆에는 인간 형상의 조형물도 함께 설치되어 있다. 네모반듯한 철제 안에 볼트와 너트를 조립해서 만든 것이다. 조형물을 만지는 순간 '쑥'하고 볼트가 들어가면서 그 형태가 바뀐다. 어린아이들이 특히나 좋아하는 작품이다. 문래로봇 뒤편에는 태엽 하나하나를 조립해 사람의 얼굴 형상을 본뜬 조형 작품도 전시되어 있다. 두 사람이 서로 얼굴을 마주보는 모습을 하고 있는 김대석 작가의 '투게더'라는 작품이다. 태엽처럼 서로 맞물려 함께 일하는 철공인들의 삶을 그려낸 듯싶다. 작품명을 보지 않고도 작가가 무엇을 말하고자 하는지 쉽게 짐작이 된다.

컨테이너 박스로 만든 구멍가게인 충남상회, 동화의 한 장면을 담아낸 벽화가 골목 분위기를 한층 더 밝게 해 준다. 지역 예술가인 김윤환 작가는

지리교사의 서울 도시 산책

▲ 철판과 각종 기어를 조립해 만든 김대석 작가의 작품
'투게더'
▼ 지역 예술가 김윤환 작가의 작품

볼트와 너트를 활용해서 만든 조형물

철공인들의 모습을 철공소 문에 그려 넣었다. 도면을 보고, 철근을 자르고,
자른 철근을 옮기는 작업 과정을 담았다.

　이렇게 철공인과 예술가의 만남은 소음과 쇠 먼지로 가득했던 문래동 골
목을 예술과 문화가 함께 어우러진 창조적 공간으로 변화시켜 주었다. 최
근에는 철공인들과 예술가들이 서로 협력해 새로운 작품을 만드는 창작 활
동도 시도되고 있다.

문래 철공 골목,
예술인들이 놓친 것들

    골목 안에서는 간혹 방문객들의 짜증 섞인 소리가 들린다. 기대했던 벽화 마을과는 다른 소박한 골목 풍경에 대한 볼멘소리도, 누군가의 낙서로 훼손된 벽화 작품에 대한 아쉬운 목소리도 들린다. 무엇보다 작가의 정성이 가득 담긴 벽화 작품 중 일부가 온데간데없이 지워진 골목 풍경을 보면 안타까운 마음이 앞선다. 머릿속으로 여러 가지 생각들이 스쳐 지나간다.

작가들의 정성을 담은 벽화를 훼손시킨 낙서들

지리교사의 서울 도시 산책

'사진 금지', '진입 금지', '너희들은 나가라' 등의 문구들로 보아 이곳에서 사진을 찍고 마음대로 출입하는 것에 대한 불만을 표현한 듯싶다.

철공 골목에 예술인들이 유입되기 시작하던 때만 하더라도 이곳의 터줏대감이었던 철공인들의 거부감이 만만치 않았다. 특히 문래창작촌으로 불리며 이곳을 찾는 방문객들이 점차 증가하면서 예술인들에 대한 반감은 더욱 커졌다. 한낮부터 철공소 골목을 산책하듯 거닐며 철공소와 철공인들을 풍경 삼아 사진을 찍어대는 방문객들로 인해 갈등을 빚는 일도 잦았다. 이곳에서 벌어지고 있는 일련의 변화들이 달갑지 않았던 것이다. 벽화 골목을 조성하기에 앞서 이곳의 주민들과 소통이 부족하지 않았나 싶다. 또한 이러한 프로젝트의 목적이 무엇인지, 대상이 누구인지, 더불어 이후에 어떤 문제가 발생하게 될지에 관해 고민한 흔적도 찾아보기 힘들었다.

이런 문제를 인식한 예술가들이 철공인들과 만나 문제를 함께 풀어 가기 위해 많은 노력을 기울였다. 예술가들과 철공인들의 소통이 늘어남에 따라 서로의 영역은 자연스럽게 조화를 이루지만 침범하지는 않게 되었다. 벽화 골목을 산책하다 보면 꽃, 나비, 동물들, 바다, 하늘 등 보편적인 것들로만 포장되어 있을 뿐, 장소성은 별로 드러나지 않는다. 문래동의 역사 이야기를 담은 벽화, 철공인들의 삶을 보여 주는 벽화들로 채운다면 어떨까?

벽화로 덧칠해진 골목보다는 옛 정취를 간직한 장소가 더 멋질 때도 많다. 천사의 날개를 그려 넣은 포토존보다 오래된 것들이 주는 따뜻한 골목 풍경이 더 매력적이지 않을까? 얼기설기 엉킨 전봇대의 전선들, 오랜 시간 속에 빛바랜 담장과 녹이 슨 창문, 주저앉아 버린 처마와 물받이까지…. 철공 골목 그대로의 풍경, 더위와 추위를 한몸으로 견뎌 내며 철근을 절단하고, 칸마다 쌓여 있는 수백 개의 철근들을 하나씩 어깨 위로 올려 트럭에 옮

2015년 문래동 예술 간판 프로젝트
'이웃의 선물'로 만들어진 철공소 간판 경관

기는 모습이 우리에게 더 큰 감동을 준다. 백반집에서 모락모락 김이 오르는 콩나물국에 공깃밥을 말아 먹으며 이런저런 담소를 나누는 철공인들의 모습에서는 삶의 활력도 얻는다. 쇠 깎는 소음과 윤활유 냄새로 가득한 이곳은 문래동 철공 골목이자, 예술창작촌이다. 수십 년이라는 세월을 이곳에 뿌리를 두고 살았던 철공인들이 이 골목의 주인이다.

이곳에서 예술인들은 철공인들과 소통하며 현장을 공유하고 있다. 철공인들도 조금씩 마음을 열어 예술인들을 동반자로 인식하기 시작한 것이다. 지자체는 공공 미술 프로젝트를 통해 이 둘의 소통과 협업을 돕고 있다. 대표적인 사업으로는 2015년 진행부터 진행된 '이웃의 선물'이라는 예술 간판 프로젝트다. 이곳에 정착한 예술인들이 경제적인 어려움을 겪고 있던 상황에서 이들에게 일자리를 제공하고, 지역 사회에도 기여할 수 있는 방안으로 마련되었지만 철공인과 예술인, 즉 이질적인 두 집단이 상호 보완적이며 공존할 수 있다는 결과를 보여 주었다. 공모에 지원했던 예술인 모두가 철공인들과 일대일로 매칭되어 서로 소통하며 간판을 제작하였다. 기존 형태의 간판에서 갤러리 형태의 간판까지 다양한 형태의 간판을 제작하여 골목 경관을 개선하였다. 지역의 장소성을 부각시킨 재료와 디자인도 함께 선보였다. 무엇보다 의미 있는 점은 길을 잃고 헤매는 국내 공공 미술 프로젝트가 나가야 할 방향을 제시하였다는 것이다. 공공성과 예술성, 연속성을 기본 조건으로 하는 공공 미술 프로젝트에서 이보다 더욱 중요한 가치는 장소성에 기반하고 원주민에 대한 배려가 기반이 되어야 한다는 사실이다. 특히 도시 재생 과정에서 진행되는 공공 미술 프로젝트일 경우에는 더욱 그렇다. 지역과 동떨어진 작품보다는 장소성에 기반한 작품에, 방문객의 만족보다는 원주민의 행복에 목적을 두어야 한다. 벽화마을, 예술마을, 문화마을 등 지금까지 국내에서 다양한 형태로 진행되어 온 공공 미술 프로젝트가 반면교사로 삼아야 하는 가치일 듯싶다.

젊은 열정의 무대가 된
철공 골목

철공 골목의 중심도로인 도림로, 이 도로를 따라 문래동2가와 문래동3가로 양분된다. 우리말로 버즘나무로 불리는 플라타너스가 계절별로 다채로운 옷으로 갈아입는 가로수 길이다. 얼마 전까지만 해도 철공소와 철공 관련 부자재 업체들로 가득 찼던 곳이었다. 물론 지금도 여전히 철공 거리의 명맥은 유지되어 오고 있지만 그 사이로 새로운 변화가 꿈틀대고 있다. 특히, 도림로 양쪽으로 거미줄처럼 이어진 비좁은 골목이 젊은 창업가와 예술가의 창조적인 실험 무대가 되고 있다. 마치 모세혈관처럼 이어진 미로에서 보물찾기 하듯 골목 곳곳에 조용히 둥지를 틀고 있다. 아직까지는 유동인구가 많지 않은 덕택에 대형 프랜차이즈의 손길이 미치지 못했고, 이로 인해 서로 다른 개성을 입은 갤러리와 카페, 상점들로 골목은 다채로워지고 있다.

먼저 문래동 공원 사거리 당산로 방향에 자리 잡은 카페수다는 인테리어

❶ 재활용을 테마로 한 카페 카페수다
❷ 수제차 카페 겸 공방 소담상회
❸ 알코올커피를 탄생시킨 카페 루트 442
❹ 커피 로스팅 랩 더워리어
❺ 공정무역 커피 전문점 티모르

디자이너이자 동화작가인 이소주가 재활용 소품으로 인테리어를 하고, 동 티모르의 마을공동체에서 생산한 공정무역 커피로 로스팅한 커피를 판매 한다. 골목 안쪽에서 수경식물과 드라이플라워 등으로 아기자기한 인테리 어를 선보인 소담상회는 수제차를 비롯해 허브와 과일차, 꽃차 등을 직접 만들고 판매하는 카페 겸 공방이다. 도림로 방향에 자리 잡은 빈티지한 분 위기의 카페루트442(Route 442)는 일반 커피 외에 알코올 커피, 맥주, 와인 등의 독특한 아이템을 선보인다. 도림로를 따라 10미터 정도 거리에 자리 잡은 티모르커피공방은 동티모르에서 야생 채집한 공정무역 커피를, 도림

❶ 낡은 골목이 풍경이 되는 문래동카페
❷ 퓨전 한식 전문점 쉼표말랑
❸ 미국식 버거집 양키스피자&버거
❹ 스테이크 전문점 양키스그릴

로 골목 안쪽에 위치한 더워리어(The Warrior)는 직접 로스팅하고 블렌딩한 원두로 커피 본연의 향을 낸 드립 커피를 판매하고 있다.

도림로 골목 안쪽으로는 퓨전 한식 전문점 쉼표말랑과 미국식 버거집 양키스피자&버거가 서로 대비되는 아이템으로 승부를 걸고 있다. 옛 목조 건물을 그대로 살려낸 인테리어가 돋보이는 쉼표말랑은 매번 새로운 메뉴를 개발해 다른 음식을 선보이고, 양키스피자&버거는 '문래버거'라는 수제 버거를 선보여 젊은 층에게 인기 있는 명소가 되었다. 이 가게와 함께 양키스피자&버거는 골목 안쪽에 뉴욕식 스테이크 전문점인 양키스그릴도 열어 문래동을 대표하는 맛집으로 자리 잡았다. 베이킹 스튜디오 겸 빵집 스토리지, 함박스테이크와 크림파스타 등 경양식 전문점 칸칸엔인연도 인기를 얻고 있다.

이러한 변화 속에서도 아직까지는 젊은 창업가가 이 골목에 들어오는 것이 달갑지만은 않은 철공인들이 많다. 득이 되기보다는 오히려 실이 될 것이라는 불안감 때문이다. 그럴 만도 한 것이 젊은이들 사이에서 문래 골목이 입소문을 타기 시작하면서 임대료가 꾸준히 상승하고 있어서 임대로 들어온 철공인들에게 큰 부담이 되고 있다. 또한 철근을 다루는 업종 특성상 안전사고 위험이 항상 도사리고 있는 상황에서 골목을 자유분방하게 돌아다니는 방문객들이 불편을 준다. 허락도 받지 않고 철공인의 모습을 카메라에 담고, 동물원 우리 안의 동물을 구경하듯 쳐다보는 시선들이 여전히 이들을 불편하게 한다.

젊은 예술가들의
문화 예술 공간으로

　문래동은 카페와 음식점뿐만 아니라 젊은 예술인들의 꿈이 펼쳐지는 갤러리, 공연장, 공방, 작업실 등 다채로운 문화 예술 공간으로 가득하다. 공연장, 라이브 카페, 갤러리와 사진관을 비롯해 이포, 문래예술공장, 문래캠퍼스 등의 복합 문화 공간이 자리 잡고 있다.

우쿨렐레 교습소

　먼저 문래 공원 사거리 카페루트442 오른편에는 하와이 원주민(포르투갈에서 전래되어 사탕수수 노동자들이 연주하기 시작함)이 연주하는 악기로 알려진 우쿨렐레파－크라는 상호를 단 교습소가 자리를 잡고 있다. 문래동의 오랜 노포였던 왕별슈퍼 자리에 새롭게 문을 연 우쿨렐레 전문 교습소다. 이곳에서는 우쿨렐레를 소개하고 판매하며, 소규모 교습도 이루어진다. 우쿨렐레에서 10미터 정도 떨

수작업 가죽 공방 골드테구

어진 거리에는 골드테구라는 가죽 공방이 자리 잡고 있다. 가죽 원단을 손
바느질해 지갑, 벨트, 가방 등을 직접 제작할 수 있는 공방인데, 알음알음으
로 찾아오는 수강생들이 많다. 가공한 가죽제품을 전시하고 판매하는 상점
을 겸하는데, 웹을 통해서도 소통하고 판매하고 있다.

도림로 골목 안쪽으로는 시각, 미디어, 퍼포먼스 등의 대안 예술 공간, 이
포가 자리 잡고 있다. 고양이를 소재로 2013년 '공감'이라는 전시회를 비롯
해 다양한 전시회를 열고 있다. 50제곱미터(15평) 정도 밖에 되지 않는 작
은 규모지만 공간을 최대한 활용하여 전시 공간으로 인기가 많다. 주방도
갖춰져 있어서 직접 차나 음식을 만들어 먹거나 손님들에게 대접할 수도
있다.

다시 도림로로 나오면 그 건너편에 전시 공간인 아지트가 자리 잡고 있
다. 사진 전시 및 대관, 사진 교실, 사진집 출간 등의 활동이 이루어지는 사
진 공간이다. 다큐멘터리, 풍경, 스냅 등 장르 구분 없이 다채로운 주제의
사진을 전시하고 있으며, 벌써 10명의 사진작가의 사진집을 출간해 사진
문화 공간으로 자리 잡았다.

대안 예술 공간 이포

도림로 중앙에는 사회적 기
업 안테나에서 문을 연 아츠스
테이(ARTXSTAY) 문래2호점
도 자리 잡고 있다. 얼마 전까
지 안테나에서 운영하던 치포
리라는 북카페가 자리 잡고 있
던 곳이었다. 치포리도 철공 골

사진 문화 공간 아지트

목에서는 대표적인 예술 공간으로 자리매김한 곳이었다. 나름 예술적 감성
을 살려 만든 북카페이면서도, 예술가들의 작품을 전시하고 판매하는 갤
러리로 역할을 톡톡히 해냈다. 2018년 치포리는 신림동으로 옮기고 이 자
리는 예술가들이 공동 작업을 하거나 소규모 모임을 진행할 수 있는 공간
으로 변화되었다. 아츠스테이 1호점은 문래 사거리 철공소 건물의 3층에
자리를 잡고 있다. 청년 예술가들의 창작 활동을 위한 물리적 공간이 부족
하고, 아이디어를 나눌 수 있는 협업 기반이 부족하다는 인식에서 시작하
였다. 아츠스테이 1호점은 개인 작업실, 커뮤니티 공간이 있고, 건물 지하
에 갤러리를 두고 있다. 청년 예술가들이 작업에 몰입할 수 있도록 기반을

만들었고, 입주자들을 위한 전시 행사를 열면서 이들의 활동을 돕고 있다. 하지만 안테나 운영에 대한 비판도 적지 않다. 사회적 기업이라는 취지하에 만들어졌지만 실제로 사업적 기업의 목적에 부응하지 않는다는 비판이다. 안테나가 젊은 창작자에게 적절한 비용을 받고 있는지, 협업 활동을 돕는 데 얼마나 적극적인 노력을 하고 있는지, 사업 영역을 문어발식으로 확장시키고 다른 지역까지 진출해서 작은 창작 공간들이 성장할 기회를 막는 것은 아닌지 등에 대한 비판이다. 사회적 기업의 본래 목적이 변질되지 않게 하기 위해서는 공공기관의 유휴 공간들을 무료로 제공하고 사회적 기업에 지원하는 기회와 비용을 예술가와 창작자들에게 직접 제공하는 것이 적절하다는 비판이다. 이러한 비판들은 안테나뿐만 아니라 우리나라의 사회적 기업들 전반에 시사하는 바가 매우 크다. 사회적 기업들은 이러한 비판들을 겸허히 수용하고 기업이 목적과 취지에 맞게 운영되고 있는지, 지나친 확장성으로 다른 창작자들의 길을 막고 있지는 않는지를 지속적으로 점검해 나가야만 할 것이다.

도림로에서 치포리를 지나 4층 건물 지하에는 미술 작업 공간인 오괄하우스가 자리 잡고 있다. 문래동의 마을 잡지인 〈문래 동네〉의 한 코너를 담당하고 있는 미술가인 전지의 작업실이다. 〈문래 동네〉는 문래창작공간의 지원으로 매달 3000부를 찍어 지역 주민들과 방문객들에게 소개하고 있다. 원고료로 지불되는 금액이 300만 원 남짓, 초기 250만 원보다는 조금 올랐지만 이 지역 예술가 200여 명의 도움으로 이끌어 나가고 있다. 이 중에서 단연 인기 있는 코너가 단편 연재 만화 '58하우스'다. 초기 원고료라고 하기에는 너무나 초라한 300원의 원고료를 받으며 집필에 참여하였다. 작가는 원고료에 얽매이지 않고 자신의 이야기를 담아 작품을 실었다. 예술가

▲ 사회적 기업 안테나에서 운영하는 치포리와 아츠스테이
▼ 미술 작업실인 오팔하우스와 예술 문화 공간 세이

주말극장으로도 이용되고 있는 포토 스튜디오 YOKKO

로 살면서 방황도 많이 했다고 밝힌 작가는 이곳에서 만화와 일러스트 교육을 하면서 작가 생활을 지속해 나가고 있다. 그 건너편 건물 2층에는 문래문화살롱이 자리 잡고 있다. 1층은 철재 및 특수강을 판매하는 철공인들이, 2층은 독특한 작품을 세계를 펼치는 예술인이 서로의 공간을 지켜나가고 있다. 인디밴드를 양성하는 문래문화살롱은 공연, 콘서트, 전시회 등이 열리는 복합문화공간이다. 그 옆으로 10미터 정도 떨어진 거리에는 문화예술 공간 세이도 자리 잡고 있다. 세이는 개인 전시회를 비롯해 공모 기획전, 예술 문화 관련 세미나, 영화 상영, 공연장 등 다채로운 복합 문화 공간이다. 2014년 문래동의 작가들과 함께하는 '옐로우(Yellow) 전', 2017년 서울문화재단의 행사 '미트(MEET)' 중 하나인 김서량 작가의 융복합 사운드 창작물 전시회 등을 개최하며 문래동의 전시 예술 공간으로서 역할을 충실히 담당해 오고 있다.

이렇게 골목 구석구석을 보물찾기하듯 돌아다니다 보면 도림로126길 철공 골목 가장 깊숙한 곳에서도 문화 공간을 마주할 수 있다. 그중 하나가 '주말극장'으로 이용되는 스튜디오 요코(YOKKO)다. 얼마 전까지 골목 안에 함께 자리 잡고 있던 사진 공간 빛타래(BITTARAE)는 이제 떠나고 홀로 골목을 지키고 있다. 주말극장이라는 이름처럼 토요일 4시만 되면 이곳에서 작은 공연들이 펼쳐진다. 매주 다른 이야기들로 공연을 시작하는데 일상 속 이야기를 재미있게 볼 수 있어서 이삼십 대 젊은이들 사이에서 인기를 얻고 있다. 관람객들에게 맥주를 무료로 제공하고, 관람료는 영화 관람 후에 원하는 만큼 후원금으로 내는 독특한 운영 방식을 선보이는 등 공연 문화를 새롭게 바꿔 보고자 하는 작은 아이디어들로 승부를 걸고 있다.

문래동 문화예술의
인큐베이팅은 어디까지?

―

젊은 예술가들은 쇳가루 날리며 소음으로 가득 찬 철공 골목을 마다하지 않았다. 처음에는 낮은 임대료 때문이었을지 모르지만 오히려 이런 철공 골목이 예술가들에게는 새로운 의미로 다가왔고, 창조적 실험의 무대가 되었다. 빈 공장들은 젊은 예술가들의 작업장이나 갤러리로 바뀌었고, 이곳을 찾는 젊은이들이 많아지면서 독특한 창업 아이템을 선보이는 카페와 음식점들도 출현하게 되었다. 삭막하기만 했던 철공 골목이 새로운 옷을 입게 된 것이다. 초창기에는 빈번히 갈등이 있었던 철공인과 예술인은 지금은 함께 어우러져 조화로운 골목을 만들어 가는 데 협력하고 있다. 특히, 철공인과 예술인이 함께하는 ATM(Art and Technology in Mullae), K-Makers, 문래예술인 등의 커뮤니티를 통해 다양한 실험이 진행되고 있다. 문래동의 철공소와 예술이 공존하는 방향에 대해 함께 논의하기 위해 만들어진 ATM은 이해 당사자인 철공인과 예술인이 함께하는 커뮤니타다.

문래동 문화 예술의 인큐베이터, 문래예술공장

철공인들은 이곳에서 철공소를 운영하는 2세 경영자들로 문래동에 자리 잡은 예술인과의 협력이 철공 골목의 발전 모델이 될 것이라는 데 공감하며 함께 모여 아이디어를 공유해 나가고 있다. K-MAKERS는 30년 정도 경력을 지닌 철공인이 모여 새로운 창작 모델을 만드는 시니어 동아리다. '소공인 제품, 기술 가치 향상 지원 사업'에 선정되어 '팽이야 놀자!'라는 프로그램을 운영하며 철공 팽이 제품을 제작하는 등 다채로운 아이템으로 철공소의 꿈을 키워 나가고 있다. 지자체에서도 이들을 지원해 나가며 문래동을 문화예술의 창작 무대로 육성해 나가고 있다.

먼저 2010년 이곳에 문을 연 문래예술공장은 문화예술의 인큐베이터다.

공연장과 전시실, 작업실, 녹음실 등 다양한 장비 및 전시 공간을 갖추고 문래동 예술가들의 창작 활동을 돕는다. 작업 활동과 전시 및 상영 활동을 돕고, 예술가들을 발굴하고 육성하는 프로그램을 진행하는 등 인큐베이터 역할을 톡톡히 하고 있다. 특히, 2011년부터 서울문화재단의 지원 아래 문래동 문화예술지원 프로젝트인 '미트(MEET)'를 진행하면서 문래동과 인근 지역의 창작자를 지원해 육성하고 있다. 공모를 통해 개인 창작자를 비롯해 기획가와 문화예술 단체를 대상으로 선정하고, 매해 20여 개의 전시, 공연, 문학, 축제 등을 진행한다. 더불어 지역 주민들이 함께 참여하는 소통의 무대를 만들어 지역 대표 축제로 육성해 나가고 있다.

또 다른 문래동 문화예술의 인큐베이터는 2013년부터 시작된 문래동 문화예술축제인 '헬로우문래'다. 문래동 예술가들의 활동을 장려하기 위해 영등포구청에서 주최하여 지원하고 있다. 헬로우문래 협동조합에서 축제 전체를 주관하고, 사회적기업인 '위누'와 '안테나', 청년기업인 '방물단'과 지역 예술 작가, 그리고 지역 주민들이 함께 참여한다. 예술 작품과 핸드메이드 제품을 판매하는 아트마켓, 작가들과 함께 작품을 만들어 보는 워크숍, 가이드와 함께 문래동 골목을 답사하는 문래창작촌 투어를 비롯해 음악 및 퍼포먼스 공연, 단편 영화제 등 다양한 프로그램을 선보이며 지역 문화 예술 발전에 기여하고 있다.

전면 재개발에서
재생 모델로

—

문래동 철공소 일대 재개발에 대한 움직임은 2009년 서울시가 발표한 '준공업지역 종합발전계획'[•]에 의해 시작되었다. 지역 경제 성장의 원동력이었던 준공업지역이 쇠퇴해 가면서 오히려 지역 발전의 걸림돌이 되고 있다고 보고 '준공업 지역 재생과 활성화 방안'을 세워 주거를 재생하고, 신산업을 이식해 지역 발전의 동력으로 삼고자 한 것이다. 당시 문래동 일대는 우선정비발전구역으로 선정되면서 재개발의 선도적 위치에 서게 되었다.

3년 정도의 시간이 흘러 문래동은 2012년 서울시의 도시환경정비구역으로 지정되었다. 문래동1·2가 일대 9만6329제곱미터, 문래동2·3가 일대 8만9056제곱미터, 문래동4가 일대 9만4087제곱미터 등 3개 구역의 약 27만

[•] 산업거점지역(전략재생형), 주거산업혼재지역(산업재생형), 주거기능밀집지역(주거재생형), 산업단지(산업단지 재생형) 등으로 구분해 지역의 특성에 맞게 개발하고자 하였다.

지리교사의 서울 도시 산책

9472제곱미터에 달했다. 철공소를 중심으로 소규모 공장 및 창고가 모여 있던 기계·금속제조업 산업단지를 첨단산업지역으로 바꾸고, 노후 주거지에 주상복합아파트와 근린생활시설 등을 새로 조성하는 것을 목표로 하였다. 문래동1·2가와 2·3가는 지역중심형, 4가는 산업중심형으로 정비하려는 계획이었다.

그러나 2017년 영등포역 일대와 경인로 주변 일대, 약 78만6000제곱미터(약 23만7700평)의 지역에 도시재생사업이 계획되었다. 영등포구가 도시재생활성화지역 '경제기반형'으로 확정되면서 지원을 받게 된 것이다. 비즈니스·컨벤션시설이 경인로에 조성되고, 여의도 국제금융지구와 연계한 금융산업인 핀테크 산업도 유치하며, 영신로 대선제분 문래공장 자리에는 '지식혁신창고'를, 방림방적 터에는 '서남권 창조문화발전소'를 조성하는 등 융·복합 산업 생태계를 구축하려는 계획이다. 하지만 문래동1·2가가 포함된 경인로 주변의 대규모 전면 재개발에 대한 반감도 만만치 않았다. 철거형 재개발이 오히려 지역 기반 산업을 내쫓고, 원주민과의 갈등을 유발시키며, 도시의 다양성을 훼손시킨다는 반론이었다. 도시 재생의 트렌드가 전면 재개발에서 수복(rehabilitation)이나 보존(conservation)의 재활성화로 변화되면서 2012년 발표된 '문래동1~4가 일대 도시환경정비구역 지정 및 정비계획안'이 재검토 대상이 되었다. 문래동1~4가 도시환경정비구역 3개 구역 중 문래동1·2가 도시환경정비구역, 문래동2·3가 도시환경정비구역의 2개 구역이 전면 수정되었다. 물론, 2017년 발표된 영등포 역세권 및 경인로 일대의 경제기반형 도시재생활성화 지역도 수정된다.

낡은 골목일지라도 문래동은 여전히 살아 숨 쉰다. 쳇바퀴처럼 돌아가는 일상의 분주한 삶도 여전하다. 예술인들과 창업가들이 하나둘 모여들어 골목은 열정과 창조 정신으로 채워져 가고 있다. 철공 골목으로, 창착촌으로 문래동은 스스로를 재생시켜 나가고 있다.

일찌감치 세계의 많은 도시들이 재생으로 도시에 새로운 활력을 불어넣어 왔다. 폐허가 된 공간이나 낡은 공간들을 재생하여 산업과 문화 예술의 창조적 무대를 조성한 것이다. 전철이 지나다니는 교량 아래 성매매 지역이 예술 마을로 탈바꿈한 일본 요코하마의 '고가네초 바자르', 사용이 불가능한 고가 철길을 새롭게 디자인해 공원으로 변화된 미국 뉴욕 맨해튼의 '하이라인파크', 폐허가 된 옛 산업 단지를 재생한 독일 뒤스부르크의 '란트샤프트파크'와 에센의 '졸페라인' 등이 그것이다. 재생으로 변화를 꾀하는 문래동에 좋은 본보기가 된다. 하지만 앞선 사례 지역과 쇠퇴한 지역에 새로운 활력을 불어넣는다는 취지는 같지만 재생의 방향은 달라야만 한다. 폐허가 되어 비어 있던 전자의 지역들과 달리 문래동은 기반 산업이 남아 있는 공간이다. 지역의 재생만이 아닌, 영세한 산업에 활력을 불어넣을 수 있는 산업 재생이 바탕이 되어야만 한다. 그렇다고 해서 도시 경제의 침체 속에서 구겐하임 미술관을 열어 도시의 새로운 경제 성장 모델을 만든 빌바오에서처럼 거대한 변화가 필요한 것은 아니다. 오히려 문래동은 그 반대로 작은 변화들이 필요하다. 조금씩, 아주 조금씩, 그리고 천천히, 아주 천천히 자발성에 기인하여 자연스럽게 변화해 나가면 된다. 거창하게 이름 붙여진 하나의 프로젝트가 아니라 소소하게 이름 붙여진 다양성 있는 활동이면 충분하다.

도시재생사업의 주체가 되고 있는 지자체는 한 발자국 뒤로 물러서 이제는 철공인과 예술인이 주체가 될 수 있도록 조력해야 한다. 즉, 철공인과 예술인(창작자, 창업가), 이 둘 사이에서 나무 기둥 역할만을 충실히 해 주면

된다. 철공인이라는 잔뿌리에, 지자체라는 기둥이, 그 가운데 잔가지가 무성한 예술인이 서로 조화를 이룬다면 문래동은 그 어떤 열매보다도 달콤한 열매를 수확하는 재생의 선도 모델이 될 것임에 분명하다.

도시 산책 플러스

플러스 명소

▲ 여의도공원
1968년부터 진행된 여의도 개발 계획에 따라 둑 조성 후 1972년 광장으로 만들어짐. 1997년부터 여의도광장의 공원화사업을 추진 하여 1999년 여의도공원으로 개장함.

▲ 국회의사당
1969년 기공하고 1975년 준공 함. 중앙에 거대한 돔 지붕을 두고 24절기를 의미하는 화강암 팔각기둥 24개가 건물을 받치고 있음.

▲ 영일분식
철공소 골목 중 문래동4가에서 50년 이상 철공인들과 함께한 노포임. 칼비빔국수를 원조로 지금까지 옛 모습 그대로 운영되고 있음.

산책 코스

◎ 문래역 7번 출구 ⋯ 안내소(당산로) ⋯ 철공 골목, 창작촌(도림로128길) ⋯ 문래공원 사거리 ⋯ 조선 영단주택지(문래동4가) ⋯ 청색종이연구소(문래동2가) ⋯ 문래공원 사거리

◎ 문래예술공장(경인로) ⋯ 대선제분 ⋯ 타임스퀘어(옛 경성방직사무동) ⋯ 영등포역

맛집

1) 예술창작촌 안 골목길

• 바로바로전집, 문래돼지불백집, 이연가, 양키스버거, 칸칸엔인연, 쉼표말랑

2) 도림로 주변

• 몬스터박스, 치포리, 차이홍

3) 문래역 인근 당산로

• 카페수다, 월화고기, 더제이케이키친박스, 오늘한점, 청년앞바다, 청춘식당

참고문헌

김연진, 2010, 예술창작촌의 장소형성 연구: 서울시 영등포구 문래동 사례, 서울대학교 환경대학원 박사학위논문.

김인선·김영실·서정훈·최왕돈, 2010. 도시재생을 위한 컬처노믹스적 접근에 관한 연구. 대한건축학회 논문집, 계획계, 26(5), 285-296.

신병학·이선구, 1989, 1941년~1945년에 건축된 영단주택의 주거실태에 관한 연구: 상도동 영단주택을 중심으로, 대한건축학회 춘계학술발표대회 논문집, 계획계, 9(1).

오희택, 2011, 문래동의 장소성 변화와 문화 매개 도시재생 가능성 연구, 서울대학교 환경대학원 석사학위논문.

영등포구, 2011, 영등포 근대100년사, 서울특별시 영등포구청.

이영범·최순복, 2012, 문래동 철공_예술 창작촌 사례를 통한 지역재생에서의 문화예술 프로그램의 역할에 관한 연구, 문화산업연구, 12(4), 73-90.

정나리, 2013, 문래동 예술촌의 공공예술 실천에 대한 연구: 아도르노(Adorno)의 미메시스(mimesis) 이론을 중심으로, 중앙대학교 석사학위논문.

정나리·강진숙. 2014. 문래동 예술촌의 공공예술 실천에 대한 연구, 한국언론정보학보, 87-109.

홍은지·장지혁·조용훈. 2017. 문래동 영단주택지의 변화를 통한 새로운 주거공간 제안. 한국주거학회 학술대회논문집, 29(2), 89-92.

Kawabata Mitsuru·Tomii Masanori·이광노, 1990, 조선주택영단의 주택지 및 주택에 관한 연구 – 문래동(구,도림청) 주택지를 중심으로, 대한건축학회 학술발표대회논문집, 계획계, 10(1), 158-163.

서울특별시 시사편찬위원회, 1996, 서울 600년사-일제 강점기-, 서울특별시.

지리교사의 서울 도시 산책

도시 재생의 공간

초판 1쇄 발행 2019년 8월 10일
초판 2쇄 발행 2020년 8월 10일

지은이   이두현

펴낸이   김선기
펴낸곳   (주)푸른길
출판등록   1996년 4월 12일 제16-1292호
주소   (08377) 서울시 구로구 디지털로 33길 48 대륭포스트타워 7차 1008호
전화   02-523-2907, 6942-9570~2
팩스   02-523-2951
이메일   purungilbook@naver.com
홈페이지   www.purungil.co.kr

ISBN   978-89-6291-811-3 03980